FORSCHUNGSBERICHTE DES LANDES NORDRHEIN-WESTFALEN

Nr. 2033

Herausgegeben im Auftrage des Ministerpräsidenten Heinz Kühn
von Staatssekretär Professor Dr. h. c. Dr. E. h. Leo Brandt

Priv.-Doz. Dr. Rolf Kaerkes

*Dozentur im Institut für Mathematik
der Rhein.-Westf. Technischen Hochschule Aachen*

Mathematische Grundlagen der Zweiortskurvenverfahren zur Stabilitätsprüfung von Regelungssystemen

WESTDEUTSCHER VERLAG · KÖLN UND OPLADEN 1969

ISBN 978-3-663-06377-3   ISBN 978-3-663-07290-4 (eBook)
DOI 10.1007/978-3-663-07290-4

Verlags-Nr. 012033

© 1969 by Westdeutscher Verlag GmbH, Köln und Opladen

Gesamtherstellung: Westdeutscher Verlag ·

Reprint of the original edition 1969

Inhalt

1. Diskussion des funktionentheoretischen Standpunktes in der Ortskurventheorie   5

2. Der Zusammenhang zwischen der Umlaufzahl der Differenz von Ortskurven und deren Schnittpunkten in der Theorie der stetigen Funktionen   7

3. Topologischer Index, Kronecker-Index und Schnittstellen-Index   13

4. Anwendung und Beispiele   19

5. Die Ergebnisse von P. Jones   31

6. Die Ergebnisse von P. N. Nikiforuk und D. D. G. Nunweiler   33

7. Das Kriterium von H. Cremer und F. Kolberg   38

1. Diskussion des funktionentheoretischen Standpunktes in der Ortskurventheorie

Seit den grundlegenden Arbeiten von H. Nyquist [16], A. Leonhard [11] und L. Cremer [7] werden die Kriterien zur Stabilitätsprüfung linearer zeitinvarianter Übertragungssysteme mittels Ortskurven meist als typisches Anwendungsgebiet der Funktionentheorie behandelt.

Der Grund ist naheliegend. Die Übertragungsfunktion eines solchen Systems ist eine rationale Funktion. Das System ist (im Ljapunovschen Sinne) asymptotisch stabil, wenn die Nullstellen seiner Übertragungsfunktion außerhalb einer geeigneten Nyquistkontur, also außerhalb eines gewissen Jordanbereichs liegen. Die Abbildung der Nyquistkontur, d. h. des orientierten Randes dieses Bereichs, durch die Übertragungsfunktion bestimmt die Ortskurve (des Frequenzganges) der Übertragungsfunktion. Zur Gewinnung von Aussagen zur Beurteilung der Stabilität des Systems aus geometrisch-anschaulich nachprüfbaren Eigenschaften der Ortskurve der Übertragungsfunktion bieten sich die beiden folgenden Schritte an: 1. Die Herstellung des Zusammenhangs zwischen Ortskurve und Lage der Nullstellen der Übertragungsfunktion bezüglich der Nyquistkontur durch den Satz vom logarithmischen Residuum [2], 2. die Abschätzung des Integralwertes durch Ausnutzung der Eigenschaften konformer Abbildungen. Liegen beispielsweise auch die Polstellen außerhalb der Nyquistkontur, so führt dieses Vorgehen direkt zum Ziel, wenn man annimmt, daß die Ortskurve die Abbildung der Nyquistkontur ist.

Ein Vergleich dieser letzten Annahme mit den praktischen Gegebenheiten gibt jedoch einen ersten Hinweis darauf, daß es gerade für eine exakte Behandlung der auftretenden Probleme nicht zweckmäßig ist, die Ortskurventheorie als typisches Anwendungsgebiet der Funktionentheorie anzusehen. Die besondere Bedeutung der Ortskurvenkriterien für die Technik liegt darin, daß diese Kurven durch Messung erzeugt werden können [12]. Diese Kurven stimmen aber mit der Abbildung der Nyquistkontur durch die Übertragungsfunktion höchstens bis auf lokale Deformationen überein. Dennoch kann man auf eine Unterscheidung zwischen gemessener und »theoretischer« Ortskurve verzichten. Man hat dazu nur daran zu erinnern, daß das im Satz vom logarithmischen Residuum auftretende Integral eine spezielle Darstellung der Umlaufzahl der Einschränkung auf die Nyquistkontur der im Nenner des Integranden stehenden Funktion in bezug auf den Nullpunkt der Bildebene ist [20]. Diese Umlaufzahl bleibt ungeändert, wenn man zu einer Funktion der gleichen Homotopieklasse (in der im Nullpunkt punktierten komplexen Ebene) übergeht. Äquivalenzkriterien liefern die Sätze von Poincaré–Bohl und Rouché [8]. Die scheinbar aufgetretene Schwierigkeit läßt sich hier also sofort ausräumen, wenn man auf die Theorie der stetigen Funktionen zurückgreift.

Dieser Standpunkt rückt erst in den Vordergrund mit den Arbeiten von W. Oppelt [17], P. Jones [9], H. Cremer und F. Kolberg [6] und P. N. Nikiforuk und D. D. G. Nunweiler [15], (der Ansatz von K. Th. Vahlen [23] blieb offenbar unbeachtet). Die dort behandelte Verallgemeinerung des Nyquistkriteriums läßt sich im zweiten Schritt auf die Aufgabe reduzieren, die Umlaufzahl einer Differenzortskurve aus den Summanden zu bestimmen. Der Vorschlag von P. Jones geht dann dahin, das Verschwinden der Umlaufzahl der (gedachten) Differenzortskurve aus Eigenschaften der Summanden in Umgebungen ihrer Schnittpunkte zu entscheiden. Zur Behandlung des Problems mit diesem Konzept machen wir folgenden Ansatz. Sei $(t \to \varphi(t), t \in [-a, a])$

eine Parameterdarstellung einer Nyquistkontur und seien $f := F \circ \varphi$ und $g := G \circ \varphi$ die Ortskurven der Übertragungsfunktionen F und G. Dann sind die Parameterwertepaare in den Schnittpunkten von f und g die Nullstellen einer komplexen Funktion $h(x,y)$

$$((x,y) \to h(x,y) := f(x) - g(y); \quad (x,y) \in [-a, a]^2),$$

$x = \operatorname{Re} z$, $y = \operatorname{Im} z$. Setzen wir $x(t) = t$ und $y(t) = t$, so ist die Differenzortskurve die Abbildung

$$(t \to h(x(t), y(t)); \quad t \in [-a, a])$$

während die Einschränkungen

$$(t \to h(x(t), y(-a)); \quad t \in [-a, a])$$

und

$$(t \to h(x(a), y(t)); \quad t \in [-a, a])$$

die um $y(a)$ resp. $x(a)$ parallel verschobenen Ortskurven f und g darstellen. Die Zusammensetzung der Strecken

$$(t \to t + it), \quad (t \to -t - ia) \quad \text{und} \quad (t \to -t + ia)$$

wiederum ist eine geschlossene orientierte Jordankurve in der komplexen Ebene. Der Vorschlag von Jones kann weiter verfolgt werden, wenn ein Zusammenhang zwischen der Differenzortskurve, den Ortskurven f und g und den Nullstellen der durch f und g bestimmten Funktion h (also den Schnittstellen von f und g) hergestellt werden kann. Dazu liegt aber hier die gleiche Situation vor wie zu dem eingangs beschriebenen ersten Schritt, nur ist die Funktion h im allgemeinen zwar noch stetig aber nicht mehr holomorph. Wollen wir dem obigen Ansatz folgen, so müssen wir also auf die Theorie der stetigen Funktionen zurückgreifen. Der Schlüssel ist hier der Cauchy-Kroneckersche Existenzsatz. Die allgemeine Lösung des Problems, ausgehend von dem zuvor beschriebenen Ansatz und eine Analyse der Ergebnisse der Arbeiten [9], [15], [6], ist der Gegenstand der folgenden Ausführungen.

Benötigt man nun den Cauchy-Kroneckerschen Existenzsatz ohnehin, so kann man, nach dem Voraufgegangenen auf die Ausnutzung der Eigenschaft der Übertragungsfunktionen holomorph zu sein, ganz verzichten. Denn der Satz vom logarithmischen Residuum wird ein Spezialfall des Cauchy-Kroneckerschen Existenzsatzes, wenn man sich auf die Klasse der stetigen komplexen Funktionen beschränkt, die höchstens isolierte Null- oder Unendlichkeitsstellen besitzen und die Multiplizität (Ordnung) dieser Stellen als die Umlaufzahl um den Nullpunkt der Bildebene einer Funktion dieser Klasse längs des orientierten Randes einer hinreichend kleinen Umgebung einer solchen Stelle erklärt.

2. Der Zusammenhang zwischen der Differenz von Ortskurven und deren Schnittpunkten in der Theorie der stetigen Funktionen

Das betrachtete Problem ist die Bestimmung der Lage der Nullstellen der Differenz zweier Übertragungsfunktionen F und G relativ zu einer Nyquistkontur aus geometrisch-anschaulich überprüfbaren Eigenschaften der Ortskurven von F und G (auf derselben Nyquistkontur) in Umgebungen ihrer Schnittpunkte.
Eine Nyquistkontur* wird gewöhnlich als Abbildung der mit $\{-\infty, \infty\}$ kompaktifizierten Zahlengeraden $\bar{R}^1$ dargestellt. Sie ist topologisches Bild des Einheitskreises. Wir können daher annehmen, daß jede Nyquistkontur eine Parameterdarstellung

$$(\tau \to \psi((\cos \chi(\tau), \sin \chi(\tau))), \tau \in \bar{R}^1) \tag{1}$$

besitzt, wobei $\chi(\tau) = \arctan \tau$, $\tau \in \bar{R}^1$, und ψ eine topologische Abbildung der Einheitssphäre S^1 in R^2 ist.
Zu den Eigenschaften einer Nyquistkontur gehört ferner, daß sie relativ zu den betrachteten Übertragungsfunktionen so gewählt ist, daß ihr Bild $\psi(S^1)$ keine Null- oder Polstellen dieser Übertragungsfunktionen enthält. Ist H eine Übertragungsfunktion, so ist also erstens H auf $\psi(S^1)$ stetig. Sind die Polstellen von H im Innern der Nyquistkontur bekannt, so ist zweitens die Anzahl der Nullstellen von H im Innern der Nyquistkontur vollständig durch die Umlaufzahl von H längs der Nyquistkontur um den Nullpunkt der Bildebene bestimmt.
Um das betrachtete Problem weiter reduzieren zu können, präzisieren wir nun den Begriff der Umlaufzahl mittels der Variation des Argumentes stetiger Funktionen.
Ist v stetige Abbildung eines kompakten Intervalls $[\alpha, \beta]$ aus $\bar{R}^1$ in $R_0^2 (:= R^2 - \{(0,0)\})$, so existiert eine stetige Abbildung von $[\alpha, \beta]$ in R^1, sie sei mit $\arg v$ bezeichnet, mit der Eigenschaft $v = |v| \exp \circ i \arg v$ [21]. Die durch v eindeutig bestimmte reelle Zahl

$$\overset{\tau}{\underset{\alpha}{V}} (t) \arg v(t) := \arg v(\tau) - \arg v(\alpha), \tau \in [\alpha, \beta] \tag{2}$$

wird die *Variation des Argumentes* von v auf $[\alpha, \tau]$ genannt.
Eine Eigenschaft der Variation des Argumentes ist die Invarianz gegen orientierungstreue Parametertransformationen. Zwei Abbildungen μ und $\hat{\mu}$ kompakter Intervalle I und $\hat{I}$ aus $\bar{R}^1$ in R^2 heißen orientierungsgleich, wenn es eine stetige und streng monoton wachsende Abbildung Φ von I auf $\hat{I}$ gibt derart, daß $\mu = \hat{\mu} \circ \Phi$ ist. Jede durch die Abbildung μ bestimmte Äquivalenzklasse bezüglich der Orientierungstreue in der Menge der stetigen Abbildungen kompakter Intervalle wird *orientierte Kurve* genannt und mit $[\mu]$ bezeichnet [22].
Die Variation des Argumentes von $H \circ \mu$ ist bzgl. zweier Abbildungen derselben Klasse $[\mu]$ auf ihren Definitionsbereichen gleich. Wir schreiben daher auch

$$V_{[\mu]} \arg H := \overset{\beta}{\underset{\alpha}{V}} (t) \arg (H \circ \mu) (t), \mu : [\alpha, \beta] \to R^2 \tag{3}$$

Ist $v(\alpha) = v(\beta)$ und z Element des Komplements von $v([\alpha, \beta])$, so ist die ganze Zahl

$$u(v, z) := \frac{1}{2\pi} \overset{\beta}{\underset{\alpha}{V}} (t) \arg (v(t) - z) \tag{4}$$

die *Umlaufzahl von v um den Punkt z*.

---

* Unter „Nyquistkontur" wird der in der Technik übliche Begriff verstanden, wir benötigen aber in Kapitel 2 nur die angegebenen Eigenschaften.

$$u_{[\mu]}(H, z) := \frac{1}{2\pi} V_{[\mu]} \arg (H - z) \qquad (5)$$

ist die Umlaufzahl der Funktion H längs der orientierten Kurve $[\mu]$ um den Punkt z.
Das Bild $\mu(I)$ einer Parameterdarstellung μ einer orientierten Kurve $[\mu]$ wird der *Träger der Kurve* genannt und mit $||\mu||$ bezeichnet.
Ist H speziell eine Übertragungsfunktion (eines linearen zeitinvarianten Systems), also H rational, und liegen keine Null- oder Polstellen von H auf dem Träger einer orientierten geschlossenen Kurve $[\mu]$, so gilt bekanntlich [20]:

$$u_{[\mu]}(H, z) = \frac{1}{2\pi i} \oint_{[\mu]} \frac{H'(z)}{H(z)} dz$$

Damit können wir uns in dem eingangs betrachteten Problem auf die Bestimmung der Umlaufzahl $u_{[\mu]}(H, z)$ beschränken mit $H = F - G$ und $z = (0,0)$.
Um zu dem in der Einleitung beschriebenen Ansatz zu kommen, reduzieren wir weiter nach (3). Ist $[\mu]$ speziell eine Nyquistkontur, so folgt zunächst nach (1):

$$u_{[\mu]}(H, z) = \frac{1}{2\pi} \overset{\infty}{\underset{-\infty}{V}} (\tau) \arg ((H \circ \mu)(\tau) - z)$$

Da $\chi(\tau)$ stetig und streng monoton wachsend ist, also auch $\chi^{-1}(\tau)$, so gilt $[\mu] = [\varphi]$ mit

$$\varphi = (t \to \psi(e^{it}); \; t \in [-\pi, \pi]).$$

Also gilt

$$u_{[\mu]}(H, z) = \frac{1}{2\pi} \overset{\pi}{\underset{-\pi}{V}} (t) \arg ((H \circ \varphi)(t) - z).$$

Der in dieser Gleichung rechts stehende Ausdruck ändert sich aber nicht, wenn wir nun φ auf den ganzen R^1 periodisch fortsetzen. Denn ist φ diese Fortsetzung und $\sigma = 2\pi$, so gilt:

$$\overset{\pi}{\underset{-\pi}{V}} (t) \arg (H \circ \varphi)(t) = \overset{\alpha+\sigma}{\underset{\alpha}{V}} (t) \arg (H \circ \varphi)(t), \; \alpha \in R^1,$$

wie man aus (2) sofort abliest.

Wir erweitern nun noch die Bezeichnung (4). Seien f und g stetige mit der Periode σ periodische Abbildungen von R^1 in R^2, deren Differenz an keiner Stelle verschwindet. Die ganze Zahl

$$u(f, g) := \frac{1}{2\pi} \overset{\alpha+\sigma}{\underset{\alpha}{V}} (\tau) \arg (f(\tau) - g(\tau)), \; \alpha \in R^1$$

wird dann als *Umlaufzahl von f um g* bezeichnet.

Nach dem vorhergehenden läßt sich nun das eingangs betrachtete Problem auf das folgende reduzieren. Gegeben sind zwei stetige mit σ periodische Abbildungen von R^1 in R^2. Bestimmt werden soll die Umlaufzahl $u(f, g)$ aus geometrisch-anschaulich überprüfbaren Eigenschaften der Abbildungen in Umgebungen der Schnittpunkte der Träger ihrer Bildmengen $f([\alpha, \alpha + \sigma])$ und $g([\alpha, \alpha + \sigma]))$. Diese Aufgabe soll im folgenden allgemein gelöst werden.
(V 1) f, g seien stetige mit der Periode σ periodische Abbildungen von R^1 in R^2.

(D 1)   Seien $\xi, \eta \in R^1$. Das Paar (ξ, η) heißt *Schnittstelle* von f mit g, wenn $f(\xi) = g(\eta)$. (ξ, η) heißt isolierte Schnittstelle, wenn (ξ, η) nicht Häufungspunkt verschiedener Schnittstellen ist.

(V 2)   Ist (ξ, η) Schnittstelle von f mit g, so gilt $\xi \neq \eta$, also $f - g : R^1 \to R_0^2$. Daraus folgt: $u(f, g)$ existiert. Im Ausgangsproblem folgt diese Aussage aus der Voraussetzung, daß der Träger der Nyquistkontur keine Nullstelle von H enthält.

Die nun folgenden Voraussetzungen sind durch die beabsichtigte Lösungsmethode bedingt. Aber auch sie bedeuten keine Einschränkung der Allgemeinheit für die Lösung des Ausgangsproblems, weil, wie schon einleitend bemerkt, die Ortskurve nur bis auf lokale Deformationen eindeutig bestimmt ist. Insbesondere kann also für die Anwendung angenommen werden, daß f und g stückweise Jordankurven sind und daß deren Träger höchstens endlich viele Punkte gemeinsam haben.

(V 3)   Es gibt wenigstens zwei Parameterwerte $x_0, y_0 \in R^1$ mit $x_0 \leq y_0 < x_0 + \sigma$ und derart, daß für jede Schnittstelle (ξ, η) von f mit g gilt: $\xi \neq x_0$ und $\eta \neq y_0$. Das bedeutet: $f(x_0) \notin g(R^1)$ und $g(y_0) \notin f(R^1)$.

(D 2) x_0, y_0 werden als *Basiswerte* für f und g bezeichnet.

Sei ferner

$$\begin{aligned}
\gamma &= (t \to (t, t), \, t \in [x_0, x_0 + \sigma]) \\
\gamma_x &= (x \to (x, y_0), \, x \in [x_0, x_0 + \sigma]) \\
\gamma_y^l &= (y \to (x_0, y), \, y \in [x_0, y_0]) \\
\gamma_y^r &= (y \to (x_0 + \sigma, y), \, y \in [y_0, x_0 + \sigma])
\end{aligned} \tag{7}$$

Die zu einer Kurve $[\mu]$ entgegengesetzt orientierte Kurve bezeichnen wir mit $-[\mu]$ und die Zusammensetzung zweier Kurven $[\mu]$ und $[\hat\mu]$ mit $[\mu] + [\hat\mu]$. Wir bilden die wie folgt erklärte geschlossene Kurve C_0 in der (x, y)-Ebene:

$$C_0 := [\gamma] - [\gamma_y^r] - [\gamma_x] - [\gamma_y^l], \tag{8}$$

und betrachten jetzt das Innere der orientierten geschlossenen Kurve C_0. Dazu sei an dessen allgemeine Definition erinnert. Sei $(C_i)_{i \in \{0, \ldots, n\}}$ eine (endliche) Familie geschlossener orientierter Kurven in R^2. Bezeichnet id die identische Abbildung von R^2 auf R^2, so ist das *Innere* $°(C_1, \ldots, C_n)$ die Menge

$$°(C_1, \ldots, C_n) := \{(x, y) \in R^2 : \sum_{i=0}^{n} u_{C_i}(id, (x, y)) \neq 0\}.$$

Das Innere von C_0 ist dann speziell die Vereinigung der beschränkten Komponenten des Komplements des Trägers von C_0 in R^2.

Damit formulieren wir als letzte Voraussetzung die folgende.

(V 4)   Die Schnittstellen (ξ, η) von f mit g im Innern von C_0 seien sämtlich isoliert, d. h. daß ihre Anzahl endlich ist, da f und g auf dem Träger von C_0 nicht verschwinden und f resp. g stetig sind.

Wir betrachten nun die Funktion

$$h := ((x, y) \to f(x) - g(y), \, (x, y) \in R^2).$$

Nach (V 1) ist h eine stetige Abbildung von R^2 in R^2, die nach (V 2) und (V 3) auf dem Träger von C_0 nicht verschwindet. Also existiert

$$V_{C_0} \arg h := V_{[\gamma] - [\gamma_y^r] - [\gamma_x] - [\gamma_y^l]} \arg h.$$

9

Nun gilt allgemein
$$V_{[\mu]+[\hat{\mu}]} \arg h = V_{[\mu]} \arg h + V_{[\hat{\mu}]} \arg h$$
und
$$V_{-[\mu]} \arg h = - V_{[\mu]} \arg h.$$
Damit folgt
$$V_{C_0} \arg h = V_{[\gamma]} \arg h - V_{[\gamma_y^r]} \arg h - V_{[\gamma_x]} \arg h - V_{[\gamma_y^l]} \arg h$$

Nach Definition (7) ist aber

$$(h \circ \gamma)(t) = \text{rest}_{[x_0, x_0+\sigma]} (f(t) - g(t)),$$

$$(h \circ \gamma_x)(x) = \text{rest}_{[x_0, x_0+\sigma]} (f(x) - g(y_0)),$$

und

$$(h \circ \gamma_y^l)(y) = \text{rest}_{[x_0, y_0]} (g(y) - f(x_0)), *$$

$$(h \circ \gamma_y^r)(y) = \text{rest}_{[y_0, x_0+\sigma]} (g(y) - f(x_0 + \sigma)).$$

Beachten wir, daß nach (V 1) $f(x_0) = f(x_0 + \sigma)$ ist, so gilt nach (3):

$$V_{C_0} \arg h = \overset{x_0+\sigma}{\underset{x_0}{V}} (t) \arg (f(t) - g(t)) - \overset{x_0+\sigma}{\underset{x_0}{V}} (t) \arg (f(t) - g(y_0))$$
$$- \overset{x_0+\sigma}{\underset{x_0}{V}} (t) \arg (g(t) - f(x_0))$$

oder unter Benutzung der in (6) eingeführten Bezeichnung

$$\frac{1}{2\pi} V_{C_0} \arg h = u(f, g) - u(f, g(y_0)) - u(g, f(x_0)).$$

Es kommt nun darauf an, $V_{C_0} \arg h$ in Beziehung zu den Schnittstellen von f mit g zu setzen. Dazu treffen wir noch folgende Vereinbarungen.

(D 3) Sei (ξ, η) eine Schnittstelle von f mit g. Dann werden die Werte der Abbildung

$$(\xi, \eta) \to \lambda((\xi, \eta), (f, g)) := u_{C_0}(id, (\xi, \eta))$$

die *Bewertungen der Schnittstellen* genannt, $u_{C_0}(id, (\xi, \eta))$ die Umlaufzahl der Kurve C_0 um den Punkt (ξ, η) [vgl. (5), (3) und (8)].
Nach Definition von h sind nun die Schnittstellen von f mit g die Nullstellen von h. Sei $((x_\iota, y_\iota))_{\iota \in \{1, \ldots, n\}}$ die Familie aller Schnittstellen von f mit g mit nicht verschwindender Bewertung. Nach (V 4) gibt es dann für jedes $\iota \in \{1, \ldots, n\}$ eine abgeschlossene Kreisscheibe $K((x_\iota, y_\iota))$ um (x_ι, y_ι) mit den folgenden Eigenschaften: 1. $K((x_\iota, y_\iota))$ liegt ganz im Innern von C_0 und 2. $K((x_\iota, y_\iota))$ enthält außer (x_ι, y_ι) keine weitere Nullstelle von h. Wir ordnen nun jedem $\iota \in \{1, \ldots, n\}$ eine orientierte Kurve C_ι nach folgender Vorschrift zu:

$$\begin{aligned}&C_\iota \text{ ist eine geschlossene orientierte Jordan-Kurve,} \\ &|C_\iota| \text{ ist der Rand der Kreisscheibe } K((x_\iota, y_\iota)) \\ &u_{C_\iota}(id, (x_\iota, y_\iota)) = -\lambda((x_\iota, y_\iota), (f, g)).\end{aligned} \quad (9)$$

---

* Allgemein gilt: $\overset{\tau}{\underset{\alpha}{V}} (t) \arg v(t) = \overset{\tau}{\underset{\alpha}{V}} (t) \arg (-v(t))$, $\tau \in [\alpha, \beta]$

Es ist klar, daß C_ι für jedes $\iota \in \{1, \ldots, n\}$ existiert und insbesondere die Eigenschaften hat:

$$C_\iota \text{ liegt im Innern von } C_0, \qquad (10)$$

und $h(x, y) \neq 0$ für alle $(x, y) \in |C_\iota|$, also

$$h(x, y) \neq 0 \text{ für alle } (x, y) \in \bigcup_{\iota=0}^{n} |C_\iota| \qquad (11)$$

Aus (10) folgt wiederum: Aus

$$\lambda((\xi, \eta), (f, g)) = 0 \text{ folgt } u_{C_\iota}(id, (\xi, \eta)) = 0 \text{ für } \iota \in \{1, \ldots, n\}. \qquad (12)$$

Wir behaupten nun: Aus

$$(x, y) \in \,^\circ(C_1, \ldots, C_n) \text{ folgt } h(x, y) \neq 0 \qquad (13)$$

d. h. für jeden Punkt des Inneren der Familie der Kurven $(C_0, \ldots, C_n)$ verschwindet h nicht.

Beweis: Es ist zu zeigen, daß für jede Nullstelle (ξ, η) von h gilt:

$$\sum_{\iota=0}^{n} u_{C_\iota}(id, (\xi, \eta)) = 0$$

Ist (ξ, η) eine Nullstelle mit verschwindendem $\lambda((\xi, \eta), (f, g))$, so folgt diese Behauptung aus (12) für $\iota = 1, \ldots, n$ und aus der Definition von λ für $\iota = 0$. Ist aber $\lambda((\xi, \eta), (f, g)) \neq 0$ etwa $\xi = x_\varkappa$, $\eta = y_\varkappa$, so folgt aus (9) und der Definition von $K((x_\iota, y_\iota))$ entsprechend (12)

$$u_{C_\iota}(id, (x_\varkappa, y_\varkappa)) = 0 \text{ für } \iota \neq 0 \text{ und } \iota \neq \varkappa.$$

Daher gilt

$$\sum_{\iota=0}^{n} u_{C_\iota}(id, (x_\varkappa, y_\varkappa)) = u_{C_0}(id, (x_\varkappa, y_\varkappa)) + u_{C_\varkappa}(id, (x_\varkappa, y_\varkappa))$$

Nach (9) und Definition von λ ist aber

$$u_{C_\varkappa}(id, (x_\varkappa, y_\varkappa)) = -u_{C_0}(id, (x_\varkappa, y_\varkappa))$$

und daraus folgt die Behauptung (13).

Damit sind alle Voraussetzungen gegeben, um eine Beziehung zwischen $u(f, g)$ und den Schnittstellen von f mit g herzustellen. Die verbindende Aussage ist der Existenzsatz von CAUCHY-KRONECKER [1], [3], [10]. Seine hier benötigte Formulierung lautet: Sei $(C_\iota)_{\iota \in \{0, \ldots, n\}}$ eine Familie geschlossener orientierter Kurven in R^2, h eine stetige Abbildung von R^2 in R^2, die auf dem Träger $\bigcup_{\iota=0}^{n} |C_\iota|$ und dem Innern $^\circ(C_1, \ldots, C_n)$ der Familie nicht verschwindet. Dann gilt:

$$\sum_{\iota=0}^{n} V_{C_\iota} \arg h = 0.$$

Nach (V 1), (V 2), (11) und (13) sind die Voraussetzungen dieses Satzes hier erfüllt. Daher gilt:

$$V_{C_0} \arg h + \sum_{\iota=0}^{n} V_{C_\iota} \arg h = 0.$$

Ersetzen wir nun noch C_ι für $\iota = 1, \ldots, n$ durch positiv orientierte Jordankurven mit demselben Träger, etwa

$$D_\iota := sgn\left(-\lambda((x_\iota, y_\iota), (f, g))\right) C_\iota, \qquad (14)$$

so gilt:

$$u_{D_\iota}(id, (x_\iota, y_\iota)) = -\lambda((x_\iota, y_\iota), (f, g))\, u_{C_\iota}(id, (x_\iota, y_\iota))$$

und damit

$$V_{C_0} \arg h = \sum_{\iota=1}^{n} \lambda((x_\iota, y_\iota), (f, g))\, V_{D_\iota} \arg h$$

oder unter Benutzung der bereits zuvor abgeleiteten Darstellung der linken Seite dieser Gleichung:

$$u(f, g) - u(f, g(y_0)) - u(g, f(x_0)) = \sum_{\iota=1}^{n} \lambda((x_\iota, y_\iota), (f, g)) \frac{1}{2\pi} V_{D_\iota} \arg h \qquad (15)$$

Die Aufgabe lautete, die Umlaufzahl $u(f, g)$ aus geometrisch-anschaulich überprüfbaren Eigenschaften der Abbildungen f und g in Umgebungen der Schnittpunkte der Bildmengen zu bestimmen.

Schwächen wir die Forderungen dieser Aufgabe dahingehend ab, daß auch Umlaufzahlen von f und g um gewisse feste Punkte aus R^2 zur Bestimmung von $u(f, g)$ hinzugezogen werden dürfen, so können wir nun die Aufgabe lösen, wenn es möglich ist, die Umlaufzahlen $u_{D_\iota}(f, g)$ für (x_ι, y_ι) mit nichtverschwindender Bewertung zu bestimmen. Dabei ist klar, daß diese Umlaufzahlen nicht von der Wahl der Kurve D_ι abhängt. Sei Q_ι eine positiv orientierte geschlossene Jordankurve, deren Träger ganz im Inneren der Kreisscheibe $K((x_\iota, y_\iota))$ liegt. Liegt (x_ι, y_ι) auch im Innern von Q_ι, so gilt

$$u_{D_\iota}(id, (x_\iota, y_\iota)) + u_{-Q_\iota}(id, (x_\iota, y_\iota)) = 0.$$

Das Innere des Paares (D_ι, Q_ι) gehört aber ganz zu $K(x_\iota, y_\iota)$. Daher ist dort h überall von Null verschieden und nach dem Cauchy-Kroneckerschen Satz wieder

$$V_{D_\iota} \arg h + V_{-Q_\iota} \arg h = 0$$

oder

$$V_{D_\iota} \arg h = V_{Q_\iota} \arg h.$$

$u_{D_\iota}(f, g)$ hängt also nur von (x_ι, y_ι) und (f, g) ab. Wir definieren daher wie folgt:

(D 4) Sei (ξ, η) eine (isolierte) Schnittstelle von f mit g, $U(\xi, \eta)$ eine Umgebung, die keine weitere Schnittstelle von f mit g enthält. Sei Q eine positiv orientierte geschlossene Jordankurve in $U(\xi, \eta)$. Dann wird die ganze Zahl

$$\varkappa(z, (f, g), (\xi, \eta)) := \frac{1}{2\pi} V_Q \arg(f - g)$$

der *Index der Schnittstelle* (ξ, η) bezüglich des geordneten Paares (f, g) genannt, wobei $z = f(\xi) (= g(\eta))$ zu setzen ist.

Satz 1 Seien f und g Abbildungen von R^1 in R^2, die den Voraussetzungen (V 1) bis (V 4) genügen. x_0, y_0 seien Basiswerte (D 2) für f und g, $((x_\iota, y_\iota))_{\iota \in S}$ die Familie aller Schnittstellen (D 1) von f mit g. Dann gilt

$$u(f, g) = u(f, g(y_0)) + u(g, f(x_0)) + \sum_{\iota \in S} \lambda((x_\iota, y_\iota), (f, g))\, \varkappa(z_\iota(f, g), (x_\iota, y_\iota)),$$

wobei $\lambda((x\iota, y\iota), (f, g))$ die Bewertung (D 3) und $\varkappa(z\iota, (f, g), (x\iota, y\iota))$ den Index (D 4) der Schnittstelle $(x\iota, y\iota)$ bezeichnen.

Es bleibt nun die Aufgabe, die Indizes aus geometrisch-anschaulich nachprüfbaren Eigenschaften der Abbildungen f und g zu bestimmen. Den Ansatz hierzu liefert ein Vergleich des Schnittstellen-Index mit dem Kronecker-Index [13].

3. Topologischer Index, Kronecker-Index und Schnittstellen-Index

Ist h stetige Abbildung eines beschränkten einfachzusammenhängenden Jordanbereichs R in R^2, die keinen Punkt des Randes $fr\,R$ auf den Nullpunkt abbildet, so ist die Variation des Argumentes von h längs der positiv orientierten Randkurve Q von R, $V_Q \arg h$, bis auf den Faktor $1/2\pi$ gleich dem topologischen Index $\mu((o, o), h, int\,R)$, [21].

Hat h speziell die Form $(x, y) \to h(x, y) = f(x) - g(y)$, $(x, y) \in R$, ist ferner (ξ, η) eine isolierte Schnittstelle von f mit g (D 1), und enthält $int\,R$ keine weiteren Schnittstellen von f mit g, so nannten wir $\dfrac{1}{2\pi} V_Q \arg h$ im Hinblick auf den obigen Zusammenhang den *Index der Schnittstelle* (ξ, η) und bezeichneten ihn mit $\varkappa(z, (f, g), (\xi, \eta))$, wobei $z = f(\xi) (= g(\eta))$ gesetzt ist (D 4).

(D 5) Ist (ξ, η) eine Schnittstelle von f mit g, so heißt $z = f(\xi) (= g(\eta))$ der zugeordnete *Schnittpunkt* (der Bilder) von f und g. (ξ, η) heißt eine dem Schnittpunkt z zugehörige Schnittstelle.

Die Aufgabe des Folgenden ist es, den Index einer Schnittstelle aus geometrisch-anschaulich überprüfbaren Eigenschaften der Abbildungen f und g in einer Umgebung des zugeordneten Schnittpunktes zu bestimmen.

(D 6) Seien f und g stetige mit der Periode σ periodische Abbildungen von R^1 in R^2, z ein Schnittpunkt von f und g. Die Anzahl aller z zugehörigen Schnittstellen (ξ, η) mit $\xi, \eta \in [x_0, x_0 + \sigma]$ heißt die *Ordnung des Schnittpunktes*, x_0 Basiswert (D 2). Ein Schnittpunkt z von f und g heißt *isolierter Schnittpunkt*, wenn er nicht Häufungspunkt verschiedener Schnittpunkte von f und g ist.

Nach Satz 1, (D 3) und (V 4) ist es klar, daß wir uns auf die Betrachtung von isolierten Schnittpunkten endlicher Ordnung beschränken können.

Seien f und g stetige mit der Periode σ periodische Abbildungen von R^1 in R^2, (ξ, η) eine isolierte Schnittstelle von f mit g (D 1), z der zugeordnete Schnittpunkt und z isolierter Schnittpunkt.

(E 1) Es gibt zwei Paare reeller Zahlen (ξ', ξ'') und (η', η'') derart, daß 1. $\xi' < \xi < \xi''$ und $\eta' < \eta < \eta''$, und daß 2. für jede von (ξ, η) verschiedene z zugehörige Schnittstelle (x, y) gilt: $x \leq \xi'$ oder $\xi'' \leq x$ einerseits oder $y \leq \eta'$ oder $\eta'' \leq y$ andererseits oder beides.

(E 2) Es gibt eine positive Zahl ε_0 so klein, daß 1. im Innern $int\,K(z, \varepsilon_0)$ und auf dem Rand $fr\,K(z, \varepsilon_0)$ kein weiterer Schnittpunkt von f und g liegt und 2. sowohl die Durchschnitte von $f(]\xi', \xi[)$ und $g(]\eta', \eta[)$ als auch von $f(]\xi, \xi''[)$ und $g(]\eta, \eta''[)$ mit $fr\,K(z, \varepsilon_0)$ nicht leer sind.

13

Unter den Punkten des Durchschnitts von $f(R^1)$ und $g(R^1)$ mit $fr\,K(z, \varepsilon_0)$ werden nun je zwei nach der folgenden Vorschrift ausgewählt:

$$z_f^- = f(\xi_1), \xi_1 = \sup f^{-1}(f(]\xi', \xi[) \cap fr\,K(z, \varepsilon_0))$$
$$z_f^+ = f(\xi_2), \xi_2 = \inf f^{-1}(f(]\xi, \xi''[) \cap fr\,K(z, \varepsilon_0))$$
$$z_g^- = f(\eta_1), \eta_1 = \sup g^{-1}(g(]\eta', \eta[) \cap fr\,K(z, \varepsilon_0)) \quad (1)$$
$$z_g^+ = f(\eta_2), \eta_2 = \inf g^{-1}(g(]\eta, \eta''[) \cap fr\,K(z, \varepsilon_0))$$

d. h. z_f^- und z_f^+ haben Parameterwerte derart, daß die Bildpunkte $f(x)$ aller Werte x zwischen ξ_1 und ξ_2 im Innern des Kreises $K(z, \varepsilon_0)$ liegen. Das gleiche gilt bezüglich z_g^- und z_g^+, d. h. es gilt:

$$f(]\xi_1, \xi_2[) \subset \operatorname{int} K(z, \varepsilon_0),\, g(]\eta_1, \eta_2[) \subset \operatorname{int} K(z, \varepsilon_0).$$

Durch die angegebenen Bedingungen wird $z_f^+ = z_f^-$ oder $z_g^+ = z_g^-$ nicht ausgeschlossen. Dagegen gilt stets

$$z_f^\iota \neq z_g^\mu,\, \iota, \mu \in \{-, +\}.$$

Wir betrachten nun zwei Funktionen $\hat{f} \circ \theta$ und $\hat{g} \circ \tau$ auf den Strecken $z_f^- z_f^+$ und $z_g^- z_g^+$:

$$\hat{f} \circ \theta = (1-\theta) z_f^- + \theta z_f^+,\, \theta = \frac{x - \xi_1}{\xi_2 - \xi_1},\, x \in [\xi_1, \xi_2]$$

$$\hat{g} \circ \tau = (1-\tau) z_g^- + \tau z_g^+,\, \tau = \frac{y - \eta_1}{\eta_2 - \eta_1},\, y \in [\eta_1, \eta_2].$$

Insbesondere gilt:

$$\hat{f}(\theta(\xi_1)) = z_f^-, \hat{f}(\theta(\xi_2)) = z_f^+$$
$$(\hat{f} \circ \theta)([\xi_1, \xi_2]) \subset \operatorname{int} K(z, \varepsilon_0) \cup \{z_f^-, z_f^+\}.$$

Die Zusammensetzung der Abbildungen $\operatorname{rest.}_{[\xi_1, \xi_2]} f$ und $-(\hat{f} \circ \theta)$ definiert also eine geschlossene Kurve S, die ganz im Gebiet $K(z, \varepsilon_0) - \{z_g^-, z_g^+\}$ enthalten ist. z_g^- und z_g^+ liegen daher im Äußern von S, also gilt:

$$u_S(id, z_g^-) = u_{-S}(id, z_g^+) = 0.$$

Nach 2. (5) gilt andererseits

$$2 \pi u_S(id, z_g^-) = \overset{\xi_2}{\underset{\xi_1}{V}}(x) \arg (f(x) - z_g^-) - \overset{\xi_2}{\underset{\xi_1}{V}}(x) \arg ((\hat{f} \circ \theta)(x) - z_g^-),$$

$$2 \pi u_S(id, z_g^+) = - \overset{\xi_2}{\underset{\xi_1}{V}}(x) \arg (f(x) - z_g^+) + \overset{\xi_2}{\underset{\xi_1}{V}}(x) \arg ((\hat{f} \circ \theta)(x) - z_g^+).$$

Also gilt:

$$\overset{\xi_2}{\underset{\xi_1}{V}}(x) \arg (f(x) - g(\eta_1)) = \underset{z_f^- z_f^+}{V \longrightarrow} \arg (id - z_g^-)$$

$$-\overset{\xi_2}{\underset{\xi_1}{V}}(x) \arg (f(x) - g(\eta_2)) = \underset{z_f^+ z_f^-}{V \longrightarrow} \arg (id - z_g^+) \quad (2)$$

wobei die rechts stehenden Ausdrücke die orientierten Winkel $\sphericalangle\, (z_f^-, z_g^-, z_f^+)$ und $\sphericalangle\, (z_f^+, z_g^+, z_f^-)$ bedeuten.

Entsprechend folgt

$$\overset{\eta_2}{\underset{\eta_1}{V}} (y) \arg (g(y)-f(\xi_2)) = V \underset{\overline{z_g^- z_g^+}}{\longrightarrow} \arg (id - z_f^+),$$

$$-\overset{\eta_2}{\underset{\eta_1}{V}} (y) \arg (g(y)-f(\xi_1)) = V \underset{\overline{z_g^+ z_g^-}}{\longrightarrow} \arg (id - z_f^-), \qquad (3)$$

wobei die rechts stehenden Ausdrücke die orientierten Winkel $\sphericalangle (z_g^-, z_f^+, z_g^+)$ und $\sphericalangle (z_g^+, z_f^-, z_g^-)$ bedeuten.

Wir betrachten nun eine positiv orientierte geschlossene Jordankurve Q auf dem Rand $fr\,R$ des abgeschlossenen Rechtecks R mit den Ecken (ξ_1, η_1), (ξ_2, η_1), (ξ_2, η_2) und (ξ_1, η_2). Wegen (1) enthält dieses Rechteck (ξ, η) im Inneren. Nach (1) liegen ferner $f([\xi_1, \xi_2])$ und $g([\eta_1\, \eta_2])$ in der abgeschlossenen Kreisscheibe $K(z, \varepsilon_0)$, die nach Voraussetzung keinen Schnittpunkt außer z enthalten soll. Nach (E 1) kann aber auch keine weitere Schnittstelle von f mit g in R liegen, deren zugeordneter Schnittpunkt z ist. Also ist (ξ, η) die einzige Schnittstelle in dem abgeschlossenen Rechteck R.

Es sei nun wieder $h(x, y) = f(x) - g(y)$, $(x, y) \in R$, Q die durch Zusammensetzung ψ der folgenden Funktionen auf dem Rand $fr\,R$ von R positiv orientierte geschlossene Jordankurve:

$$x \to (x, \eta_1), \qquad x \in [\xi_1, \xi_2],$$

$$y \to (\xi_2, y), \qquad y \in [\eta_1, \eta_2],$$

$$x \to \left(\xi_2 - x + \xi_1, \eta_2\right), x \in [\xi_1, \xi_2],$$

$$y \to \left(\xi_1, \eta_2 - y + \eta_1\right), y \in [\eta_1, \eta_2].$$

Dann gilt nach 2. (3):

$$V_{[\psi]} \arg h = \overset{\xi_2}{\underset{\xi_1}{V}} (x) \arg (f(x)-g(\eta_1)) + \overset{\eta_2}{\underset{\eta_1}{V}} (y) \arg (g(y)-f(\xi_2))$$

$$- \overset{\xi_2}{\underset{\xi_1}{V}} (x) \arg (f(x)-g(\eta_2)) - \overset{\eta_2}{\underset{\eta_1}{V}} (y) \arg (g(y)-f(\xi_1)).$$

Das ist aber genau die Summe der linken Seiten von (2) und (3). Die Variation des Argumentes von h längs Q ist also gleich der Summe der rechten Seiten von (2) und (3).

Die Betrachtung der rechten Seite von (2) und (3) zeigt zunächst

$$|V_Q \arg h| \leq 2\pi,$$

da die Winkelsumme im Viereck nicht größer werden kann als 2π. Da Q eine geschlossene Kurve ist, kommen also als Werte der Variation des Argumentes von h längs Q nur die Zahlen -2π, 0, 2π in Frage.

Wird z_g^- von z_g^+ auf $fr\,K(z, \varepsilon_0)$ durch z_f^- und z_f^+ nicht getrennt, d. h. gilt:

$$\underset{\overline{z_f^- z_f^+}}{\longrightarrow} \text{ schneidet } \underset{\overline{z_g^- z_g^+}}{\longrightarrow} \text{ nicht,} \qquad (4)$$

so ist
$$sgn\ V \xrightarrow[z_f^- z_f^+]{} arg\ (id - z_g^-) = -sgn\ V \xrightarrow[z_f^- z_f^+]{} arg\ (id - z_g^+),$$
$$sgn\ V \xrightarrow[z_g^- z_g^+]{} arg\ (id - z_f^+) = -sgn\ V \xrightarrow[z_g^- z_g^+]{} arg\ (id - z_f^-),$$

folglich
$$|V_Q\ arg\ h| < 2\pi,$$

also ist die Variation des Argumentes von h längs Q gleich Null. Gilt:
$$\xrightarrow[z_f^- z_f^+]{}\ \text{schneidet}\ \xrightarrow[z_g^- z_g^+]{}, \tag{5}$$

d. h. werden z_g^- und z_g^+ auf $fr\ K(z, \varepsilon_0)$ durch z_f^- und z_f^+ getrennt, so ist
$$|V_Q\ arg\ h| = 2\pi.$$

Es gilt danach also nur noch das Vorzeichen der Variation des Argumentes von h längs Q zu bestimmen. Dazu genügt aber z. B. die Kenntnis des Vorzeichens
$$sgn\ V \xrightarrow[z_f^- z_f^+]{} arg\ (id - z_g^-).$$

Aus diesen Tatsachen ergibt sich folgende Regel:

Satz 2 Seien f und g stetige periodische Abbildungen von R^1 in R^2. Sei (ξ, η) eine isolierte Schnittstelle (D 1) von f mit g, $z = f(\xi)$ (der zugeordnete Schnittpunkt (D 5)) und isolierter Schnittpunkt von f und g (D 6). Dann gibt es einen Kreis K um z mit folgenden Eigenschaften: 1. die abgeschlossene Kreisscheibe enthält keinen weiteren Schnittpunkt von f und g; 2. z_f^- und z_f^+ resp. z_g^- und z_g^+ sind die wie folgt bestimmten Bildpunkte von f und g; z_f^- (z_f^+) ist der erste von z aus in Richtung abnehmender (wachsender) Parameterwerte längs f erreichbare Bildpunkt von f auf dem Rand des Kreises K, z_g^- (z_g^+) ist der erste von z aus in Richtung abnehmender (zunehmender) Parameterwerte längs g erreichbare Bildpunkt von g auf dem Rand von K. Der z_f^- mit z_f^+ im Sinne wachsender Parameter verbindende Teil von f durchläuft z genau einmal, oder es gilt: Der z_g^- mit z_g^+ im Sinne wachsender Parameter verbindende Teil von g durchläuft z genau einmal ((E 1) und (E 2)). Unter diesen Voraussetzungen gilt:

a) Wird z_g^- von z_g^+ auf dem Rand von K durch z_f^- und z_f^+ nicht getrennt, so ist $\varkappa(z, (f, g), (\xi, \eta)) = 0$.

b) Sei z_g^- von z_g^+ auf dem Rand von K durch z_f^- und z_f^+ getrennt. Wird der Rand von K so orientiert, daß die Durchlaufungsrichtung von z_f^- über z_g^- nach z_f^+ führt, so ist $\varkappa(z, (f, g), (\xi, \eta))$ gleich der Umlaufzahl des orientierten Kreisrandes um den Punkt z.

Die Bedingungen dieses Satzes sind bei gegebenem Kurvenverlauf und gegebener Parametrisierung geometrisch-anschaulich leicht überprüfbar. Da keine über (V 1) bis (V 4) hinausgehenden Einschränkungen erforderlich sind, ist das eingangs gestellte Problem damit allgemein gelöst.

Es ist klar, daß man statt von einem Kreise K von irgendeinem einfach zusammenhängenden Jordanbereich B ausgehen kann, der die für K geforderten Eigenschaften besitzt.

Ferner kann man zu der in Satz 2 formulierten Regel zur Indexbestimmung natürlich auch gelangen, indem man statt der orientierten Strecken f und g die entsprechenden orientierten Kreisbögen auf K betrachtet. Die Ableitung stützt sich hier auf $\hat{f}$ und $\hat{g}$, weil damit unmittelbar auch der Zusammenhang mit dem Kronecker-Index eines Paares orientierter Strecken hergestellt wird.

Der Kronecker-Index (Schnittzahl) $\nu(\overrightarrow{ab}, \overrightarrow{cd})$ eines Paares orientierter Strecken $(\overrightarrow{ab}, \overrightarrow{cd})$ ist bekanntlich [13] gleich Null, wenn die Strecken keinen Punkt gemeinsam haben. Schneiden sich die Strecken in einem Punkt, der nicht Anfangs- oder Endpunkt einer der beiden Strecken ist (general intersection), so ist $\nu(\overrightarrow{ab}, \overrightarrow{cd}) = +1$, wenn c im Sinne der Richtung von a nach b gesehen rechts von $\overrightarrow{ab}$ liegt, $\nu(\overrightarrow{ab}, \overrightarrow{cd}) = -1$, wenn c links von $\overrightarrow{ab}$ liegt. Daraus folgt sofort der folgende Satz, wenn man noch beachtet, daß z_f^- und z_f^+ nicht auf $\overrightarrow{z_g^- z_g^+}$ und z_g^- und z_g^+ nicht auf $\overrightarrow{z_f^- z_f^+}$ liegen können.

Satz 3 Unter den Bedingungen des Satzes 2 gilt:
$$\varkappa(z,(f,g),(\xi,\eta)) = \nu(\overrightarrow{z_g^- z_g^+}, \overrightarrow{z_f^- z_f^+}),$$

(an Stelle der Aussagen a) und b)).

Damit ist es umgekehrt leicht, den Kronecker-Index auf den topologischen Index zurückzuführen.

Seien $\overrightarrow{ab}$, $\overrightarrow{cd}$ zwei orientierte Strecken in der komplexen Ebene.

Die Abbildungen φ, ψ
$$(\theta \to \varphi(\theta) = a + \theta(b-a), \theta \in [0,1])$$
$$(\tau \to \psi(\tau) = c + \tau(d-c), \tau \in [0,1])$$

sind Parameterdarstellungen der orientierten Strecken, $\overrightarrow{ab} = [\varphi]$ und $\overrightarrow{cd} = [\psi]$. Sei R das Quadrat $[0,1] \times [0,1]$ in der (θ, τ)-Ebene und $\hat{h}$ die periodische Fortsetzung der Abbildung
$$(\theta, \tau) \to a + \theta(b-a) - (c + \tau(d-c)), (\theta, \tau) \in R.$$

Gibt es eine Schnittstelle von φ mit ψ, so liegt sie im Innern (*int R*) von R (general intersection). Sei (ξ, η) die Schnittstelle (falls vorhanden) und Q die auf dem Rand von R erklärte positiv orientierte geschlossene Jordankurve. Dann gilt

$$\nu(\overrightarrow{cd}, \overrightarrow{ab}) = \frac{1}{2\pi} V_Q \arg \hat{h} = \mu((o,o), \hat{h}, int\, R) \qquad (5)$$

und falls (ξ, η) vorhanden

$$\frac{1}{2\pi} V_Q \arg \hat{h} = \varkappa(z,(\varphi, \psi),(\xi,\eta)). \qquad (6)$$

Da eine orientierte Strecke durch die Klasse aller Abbildungen, die einer topologischen Abbildung orientierungsgleich sind, erklärt wird, haben zwei orientierte Strecken nur Schnittpunkte der Ordnung 1 [D 6]. Folglich ist in der Beziehung (6) die Angabe der Schnittstelle entbehrlich.

(D 7) Ist z ein isolierter Schnittpunkt zweier Abbildungen f und g mit der Ordnung 1, so sprechen wir vom *Index des Schnittpunktes* z und setzen

$$\varkappa(z,([f],[g])) := \varkappa(z,(f,g),(\xi,\eta)),$$

wobei (ξ, η) die z zugehörige Schnittstelle bedeutet (D 1). Entsprechend schreiben wir die Bewertung (D 3)

$$\lambda(z,(f,g)) := \lambda((x_\nu, y_\nu),(f,g)).$$

$\varkappa(z,([f],[g]))$ ist dann eine Verallgemeinerung des Kronecker-Index auf den Schnitt von orientierten Kurvenstücken, die nicht notwendig orientierte Strecken zu sein brauchen.

Über diesen verallgemeinerten Kronecker-Index soll nun noch der Zusammenhang mit dem aus der ebenen Topologie bekannten Satz hergestellt werden, daß die Umlaufzahl einer geschlossenen Kurve um einen Punkt a des Komplements des Kurvenbilds gleich der Summe der Kroneckerschen Indizes der Schnittpunkte eines von a ausgehenden orientierten Halbstrahls mit der Kurve ist [13].

Satz 4 Sei f eine stetige mit der Periode σ periodische Abbildung von R^1 in R^2, p ein Punkt aus R^2, der nicht zu $f(R^1)$ gehört, q ein Punkt der unbeschränkten Komponente des Komplements von $f(R^1)$ in R^2. Ist $[g]$ eine p mit q verbindende (von p nach q) orientierte Jordankurve, die mit f nur isolierte Schnittpunkte z_λ, $\lambda = 1, \ldots, n$, erster Ordnung (D 6) gemeinsam hat, so gilt

$$u([f],p) = \sum_{\lambda=1}^{n} \varkappa(z_\lambda,([f],[g])).$$

Beweis: Sei $g:[0,1] \to R^2$. Es gilt $g(0) = p$, $g(1) = q$. Wir wählen $x_0, x_1, x_2 \in R^1$ so, daß $x_0 < x_1 < x_2$ und

$$f([x_0, x_1]) \cup f([x_2, x_0+\sigma]) \subset \text{Komp } g([0,1]).$$

Sei

$$x \to y(x) = \begin{cases} \dfrac{x-x_0}{x_1-x_0} & \text{für } x \in [x_0, x_1], \\ 1 & \text{für } x \in]x_1, x_2[, \\ \dfrac{x_0+\sigma-x}{x_0+\sigma-x_2} & \text{für } x \in [x_2, x_0+\sigma], \end{cases}$$

und

$$g^* = g \circ (y + \theta(1-y)), \quad \theta \in [0,1].$$

Dann gilt wegen $0 \leq y + \theta(1-y) \leq 1$ stets

$$g^*([x_0, x_0+\sigma] \times [0,1]) \subset g([0,1]).$$

Setzen wir

$$\varrho' = \inf |f(x) - g(y)| \quad \text{für} \quad (x,y) \in ([x_0,x_1] \cup [x_2, x_0+\sigma]) \times [0,1],$$
$$\varrho'' = \inf |f(x) - g(1)| \quad \text{für} \quad x \in]x_1, x_2[,$$

so gilt nach Konstruktion $\varrho' > 0$, $\varrho'' > 0$ und

$$|f(x) - g_\theta^*(x)| \geq \min(\varrho', \varrho'') > 0 \text{ für jedes } \theta \in [0,1].$$

Es ist also $0 < \inf |f(x) - g_\theta^*(x)|$, ferner g^* stetig auf $[x_0, x_0+\sigma] \times [0,1]$ und schließlich $g_0^* = g \circ y$ und $g_1^* = g(1) = q$. Folglich ist $f - g \circ y$ homotop $f - q$ in R_0^2, also

$$\overset{x_0+\sigma}{\underset{x_0}{V}}(x) \arg(f(x) - g(y(x))) = \overset{x_0+\sigma}{\underset{x_0}{V}}(x) \arg(f(x) - q) = 0. \tag{7}$$

Setzen wir nun $x_\lambda = f^{-1}(z_\lambda)$ und $\{\tau_\lambda, \tau'_\lambda\} = (g \circ y)^{-1}(z_\lambda)$ so gilt nach Konstruktion

$$x_\lambda \in]x_1, x_2[\quad \text{und} \quad \tau_\lambda \in [x_0, x_1], \quad \tau'_\lambda \in [x_2, x_0 + \sigma].$$

Wir wenden nun Satz 1 an. Betrachtet werden sollen die Kronecker-Indizes aller Schnittpunkte von $[f]$ mit der von p nach q orientierten Strecke. Das wird möglich, wenn wir in der (x, τ)-Ebene das Dreieck $((x_0, x_0), (x_0 + \sigma, x_0), (x_0 + \sigma, x_0 + \sigma))$ betrachten, denn es enthält die Schnittstellen $(x_\lambda, \tau_\lambda)$. Für jede dieser Schnittstellen ist aber die Bewertung (D 3) negativ. Daher gilt nach Satz 1 und (D 7)

$$u(f, g) = u(f, g(y(x_0 + \sigma))) + u(g, f(x_0)) - \sum_{\lambda=1}^{n} \varkappa (z_\lambda, ([f], [g])) \qquad (8)$$

wegen $g(y(x_0 + \sigma)) = g(y(x_0)) = g(0) = p$ und $u(g, f(x_0)) = 0$ folgt aus (7) und (8) schließlich

$$u([f], p) = \sum_{\lambda=1}^{n} \varkappa(z_\lambda, ([f], [g])).$$

4. Anwendung und Beispiele

Für die Anwendung verschärfen wir unsere Voraussetzungen (V 1) bis (V 4) soweit, daß sie die in den Arbeiten [6], [9], [15] behandelten Fälle noch erfassen, die Diskussion der Ergebnisse dieser Arbeiten aber möglichst einfach gestalten.
Wir nehmen an, daß erstens im Ortskurvenbild höchstens endlich viele Selbstüberschneidungen vorkommen, und zweitens die Orientierung für jedes Ortskurvenstück eindeutig bestimmt ist.
Sind f und g zwei Ortskurven, so nehmen wir an, daß sie sich in höchstens endlich vielen Punkten schneiden, und daß in diesen Punkten keine Selbstüberschneidungen von f und g vorliegen.
Wir nehmen ferner an, daß $[-a, +a]$ das Parameterintervall für f und g ist und daß für endlich viele Kurvenpunkte die Parameterwerte gegeben sind. (Ist das Parameterintervall $[-\infty, +\infty]$, so kann man zu endlichem a durch stetige und streng monoton wachsende Abbildung von $[-\infty, \infty]$ auf $[-a, a]$ übergehen.) Die Anzahl der gegebenen Parameterwerte sei so groß, daß nach Auswahl zweier dieser Werte, x_0 für f und y_0 für g derart, daß $f(x_0)$ nicht auf g und $g(y_0)$ nicht auf f liegt, folgende Fragen beantwortet werden können:
Gilt, nachdem alle Parameterwerte $x < x_0$ und $y < x_0$ durch $x + 2a$ und $y + 2a$ ersetzt sind, für die (unbestimmten) Parameterwerte (x_ι, y_ι) des Schnittpunktes z_ι

$$\text{entweder } y_\iota < y_0 \quad \text{oder} \quad y_0 < y_\iota \qquad (1)$$

und

$$x_\iota < y_\iota \quad \text{oder} \quad x_\iota = y_\iota \quad \text{oder} \quad y_\iota < x_\iota? \qquad (2)$$

Die Anwendung der Sätze 1 und 2 kann nun nach folgendem Schema vorgenommen werden.

Anwendungsvorschrift

1. Auswahl zweier Parameterwerte x_0 für f und y_0 für g, für deren Bildpunkte gilt: $f(x_0)$ liegt nicht auf g und $g(y_0)$ liegt nicht auf f (Basiswerte D 2).

2. Bestimmung der Umlaufzahlen $u(f, g(y_0))$ von f um den Punkt $g(y_0)$ und $u(g, f(x_0))$ von g um den Punkt $f(x_0)$.

3. Bestimmung der Umlaufzahl $u(f, g)$ falls f und g keinen Schnittpunkt haben. Dann ist
$$u(f, g) = u(f, g(y_0)) + u(g, f(x_0))$$

4. Ersetzen der Parameterwerte $x < x_0$ durch $x + 2a$ und $y < x_0$ durch $y + 2a$, wenn $[-a, a]$ der Wertebereich der Parameterbezifferung ist.

5. Bewertung der Schnittstellen von f mit g, (D 1 und D 7). Diese kann nach folgendem Plan gefunden werden: (Abb. 4.1)

   liegt (x_ι, y_ι) in A, so gilt:
   $$\lambda(z_\iota, (f, g)) = +1,$$
   liegt (x_ι, y_ι) in B, so gilt:
   $$\lambda(z_\iota, (f, g)) = -1$$
   liegt (x_ι, y_ι) außerhalb A und B, so gilt:
   $$\lambda(z_\iota, (f, g)) = 0.$$

6. Bestimmung der Indizes der Schnittpunkte z_ι (von f mit g) mit nicht verschwindender Bewertung (Satz 2). Sei $\iota = 1, \ldots, n$. Dazu zeichnen wir einen Kreis um z_ι, so klein, daß er keinen weiteren Schnittpunkt im Innern enthält.
   Von z_ι ausgehend, suchen wir in Richtung abnehmender Parameter auf f, (g) den ersten Berührungspunkt von f, (g) mit dem Kreisrand und bezeichnen ihn mit z_f^-, (z_g^-), Abb. 4.2.
   Von z_ι ausgehend, suchen wir in Richtung wachsender Parameter auf f, (g) den ersten Berührungspunkt von f, (g) mit dem Kreisrand und bezeichnen ihn mit z_f^+, (z_g^+), Abb. 4.3.
   Werden z_g^- und z_g^+ durch z_f^- und z_f^+ auf dem Kreisrand getrennt, so orientieren wir den Kreis in Richtung von z_f^- über z_g^+ nach z_f^+. Ist $\vec{K}$ der orientierte Kreis, so gilt
   $$\varkappa(z_\iota, (f, g)) = u(\vec{K}, z_\iota),$$
   Abb. 4.4, $u(\vec{K}, z_\iota) = +1$.

   Werden z_g^- und z_g^+ durch z_f^- und z_f^+ auf dem Kreisrand nicht getrennt, so gilt (Abb. 4.5)
   $$\varkappa(z_\iota, (f, g)) = 0.$$

7. Berechnung von $u(f, g)$ nach der Formel (Satz 1):
$$u(f, g) = u(f, g(y_0)) + u(g, f)x_0)) + \sum_{\iota=1}^{n} \lambda(z_\iota, (f, g))\, \varkappa(z_\iota, (f, g)).$$

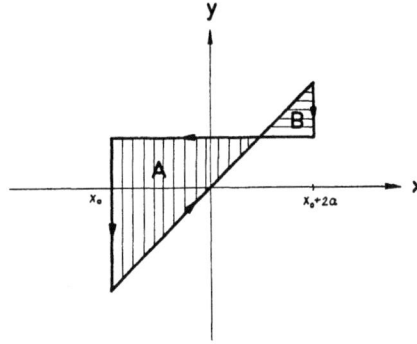
Abb. 4.1

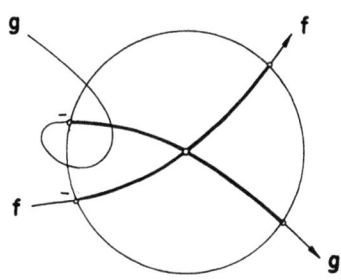
Abb. 4.2

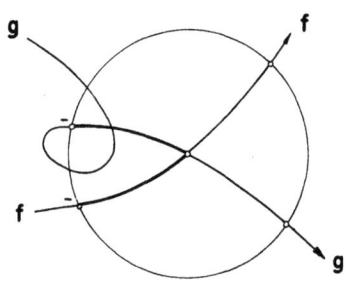
Abb. 4.3

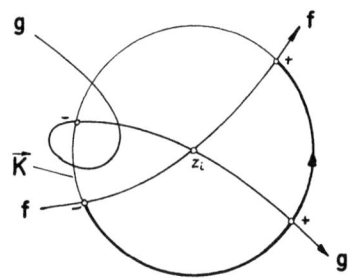
Abb. 4.4

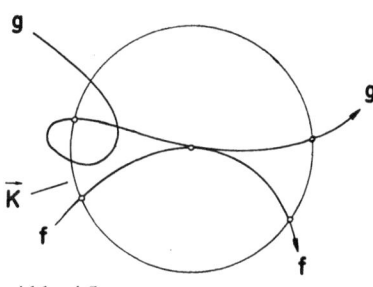
Abb. 4.5

21

Beispiele

$W(t)$ ist in den Beispielen die Nyquist-Kontur.

Beispiel 1:

$$f(t) = \frac{W(t)-3}{W(t)+1}; \quad g(t) = 2\frac{W(t)-1}{W(t)+1}$$

Ortskurvenbild: Abb. 4.6

Basiswerte:

$x_0 = \infty, y_0 = 0$

Schnittstellenlageplan: Abb. 4.7

Bewertung der Schnittstellen:

$$\lambda(z_1) = -1$$
$$\lambda(z_2) = +1$$

Indizes:

$$\varkappa(z_1) = -1$$
$$\varkappa(z_2) = +1$$

$$u(f,g) = u(f,g(0)) + u(g,f(\infty)) + \sum_{i=1}^{n} \lambda(z_i)\varkappa(z_i)$$
$$u(f,g) = -1 + (-1) + (-1)(-1) + (+1)(+1)$$
$$u(f,g) = 0$$

Daraus folgt:

$f-g$ besitzt keine Nullstellen im Inneren der Nyquist-Kontur.

Zur Kontrolle:

$$f - g = -1$$

Mit $\overset{\circ}{u}$ wird die Umlaufzahl der Ortskurve für das Parameterintervall $0 \leq x \leq \infty$ bezeichnet.

Beispiel 2:

$$f(t) = \frac{\sum_{k=0}^{4} a_k W^k(t)}{\sum_{k=0}^{5} b_k W^k(t)}; \quad g(t) = \frac{\sum_{k=0}^{4} c_k W^k(t)}{\sum_{k=0}^{5} d_k W^k(t)}$$

k	a_k	b_k	c_k	d_k
0	3.45 10^7	8.32 10^9	0,9125 10^8	3.05 10^{10}
1	$-$3.74 10^5	1.57 10^8	$-$0.53 10^6	6.98 10^8
2	9.43 10^3	3.77 10^6	$-$0.665 10^4	1.36 10^7
3	$-$50	3.2 10^4	1.3 10^2	1.22 10^5
4	1	280	0.5	540
5		1		1

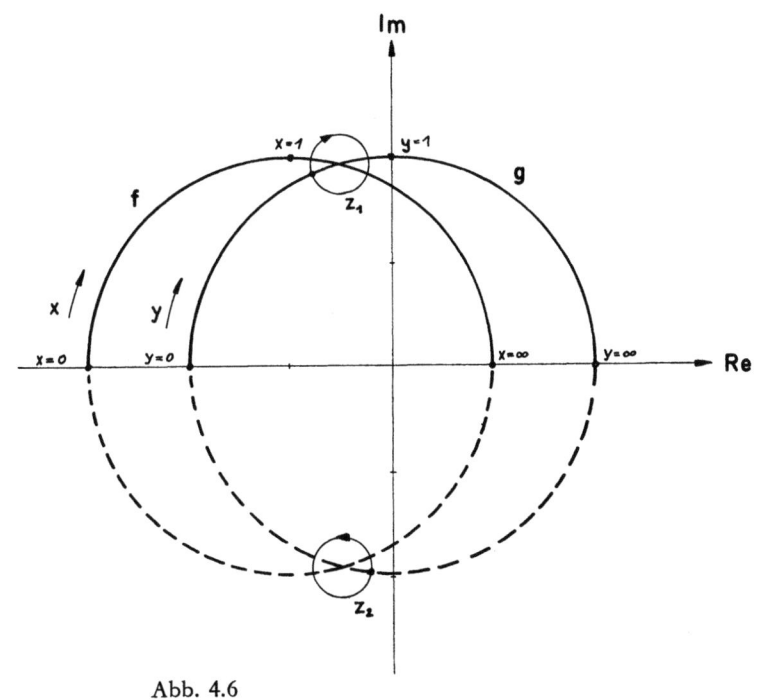

Abb. 4.6

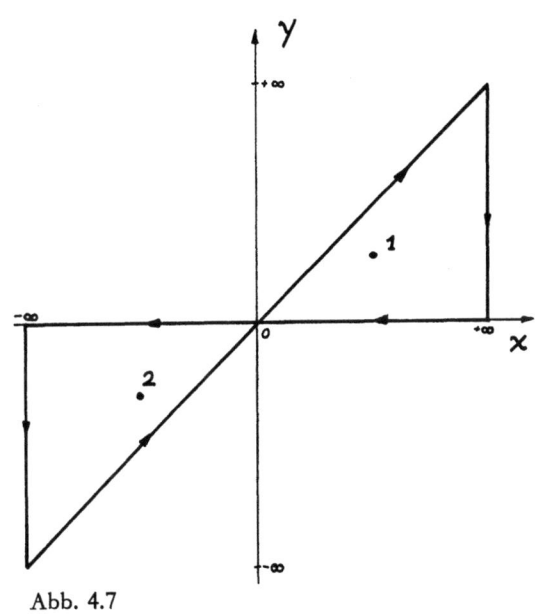

Abb. 4.7

Ortskurvenbild: Abb. 4.8

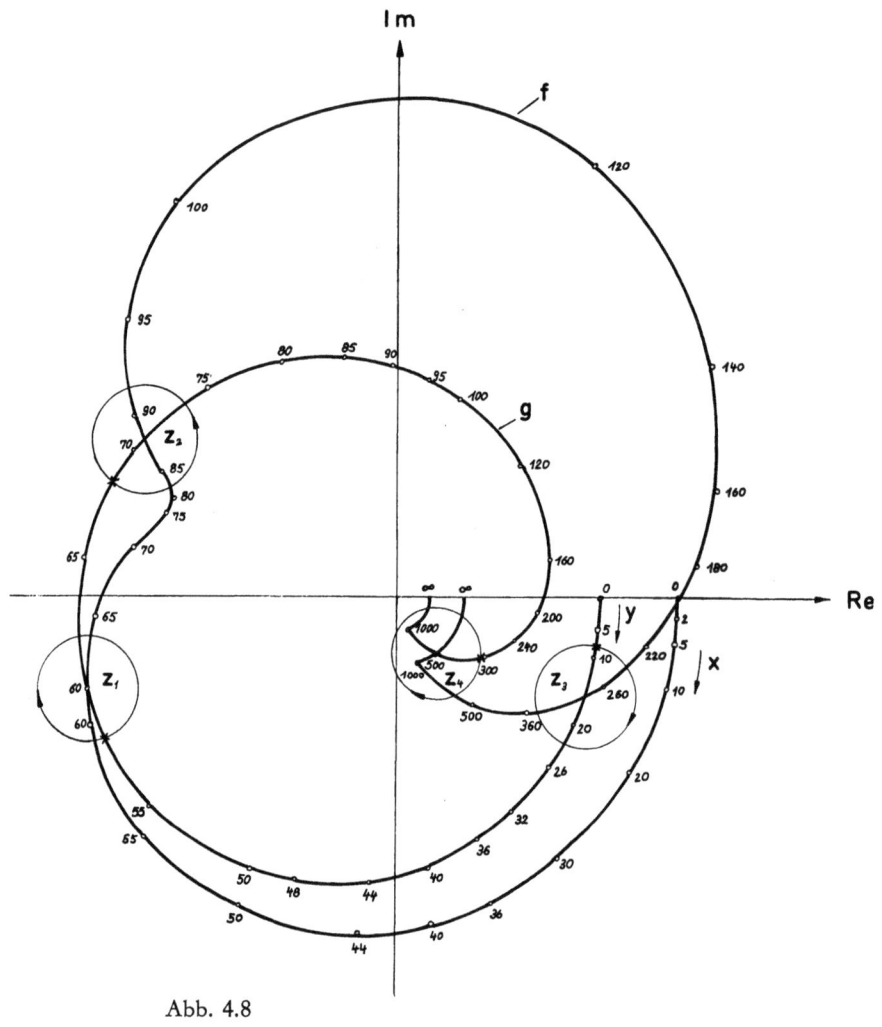

Abb. 4.8

Basiswerte:
$$x_0 = \infty, \quad y_0 = 0$$

Schnittstellenlageplan: Abb. 4.9

	x	y	λ	$\varkappa$	$\lambda \cdot \varkappa$
z_1	82	60	-1	-1	1
z_2	88	71	-1	1	-1
z_3	300	15	-1	-1	1
z_4	1500	500	-1	-1	1

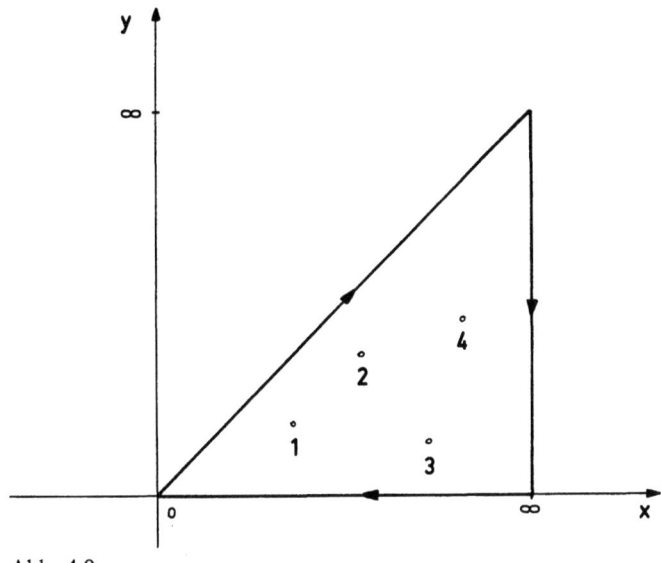

Abb. 4.9

$$u(f,g) = 2(\overset{\circ}{u}(f,g(0)) + \overset{\circ}{u}(g,f(\infty)) + \sum_{i=1}^{n} \lambda(z_i)\varkappa(z_i))$$

[Siehe (9), Kapitel 5, und die dem Beispiel vorangehende Bemerkung.]

$$u(f,g) = 2(-1{,}5 - 1{,}5 + 2) = -2$$

Daraus folgt:

$f-g$ besitzt Nullstellen im Inneren der Nyquist-Kontur.

Bei gleichem Beispiel eine andere Wahl der Basiswerte:

$$x_0 = 0,\ y_0 = \infty$$

Schnittstellenlageplan: Abb. 4.10

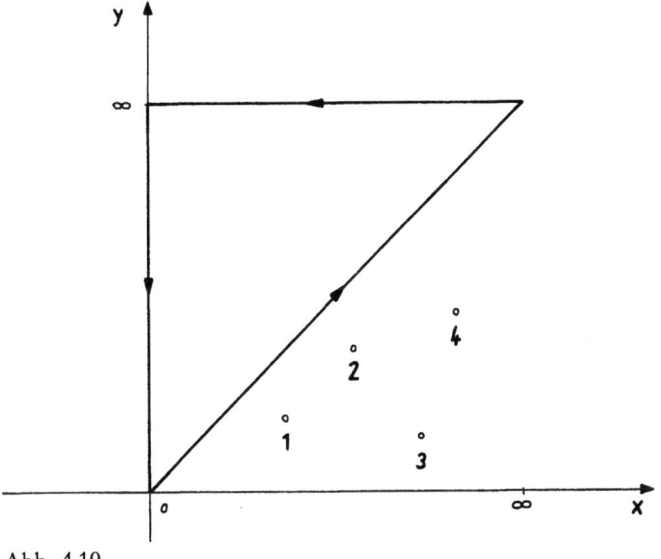

Abb. 4.10

Bewertung der Schnittstellen:

$$\lambda(z_1) = \lambda(z_2) = \lambda(z_3) = \lambda(z_4) = 0$$

Damit ergibt sich:

$$u(f,g) = 2\left(\overset{\circ}{u}(f,g(\infty)) + \overset{\circ}{u}(g,f(0))\right)$$

$$u(f,g) = 2(-1+0)$$

$$u(f,g) = -2$$

Beispiel 3:

$$f(t) = \frac{\sum\limits_{k=0}^{6} a_k W^k(t)}{\sum\limits_{k=0}^{7} b_k W^k(t)} \; ; \quad g(t) = \frac{\sum\limits_{k=0}^{6} c_k W^k(t)}{\sum\limits_{k=0}^{7} d_k W^k(t)}$$

k	a_k	b_k	c_k	d_k
0	1.19 10^{12}	3.64 10^{14}	-0.61 10^{12}	3.17 10^{14}
1	-3.19 10^{9}	1.01 10^{13}	-1.79 10^{10}	8.47 10^{12}
2	2.49 10^{8}	2.34 10^{11}	-3.85 10^{8}	1.99 10^{11}
3	9.00 10^{5}	2.97 10^{9}	-4.71 10^{6}	2.51 10^{9}
4	2.50 10^{4}	2.73 10^{7}	-4.35 10^{4}	2.41 10^{7}
5	280	1.66 10^{5}	-225	1.54 10^{5}
6	1	600	-1	580
7		1		1

Ortskurvenbild: Abb. 4.11

Basiswerte:

$$x_0 = \infty \quad y_0 = 0$$

Schnittstellenlageplan: Abb. 4.12

	x	y	λ	$\varkappa$	$\lambda \cdot \varkappa$
z_1	62	98	0	-1	0
z_2	9	130	0	1	0
z_3	86	70	-1	0	0

$$u(f,g) = 2(\overset{\circ}{u}(f,g(0)) + \overset{\circ}{u}(g,f(\infty))) + \sum_{i=1}^{n} \lambda(z_i)\varkappa(z_i) = 2(-1+0) = -2$$

Daraus folgt:

$f - g$ besitzt Nullstellen im Inneren der Nyquist-Kontur.

Beispiel 4:

$$f(t) = \frac{\sum\limits_{k=0}^{6} a_k W^k(t)}{\sum\limits_{k=0}^{7} b_k W^k(t)} \; ; \quad g(t) = \frac{\sum\limits_{k=0}^{6} c_k W^k(t)}{\sum\limits_{k=0}^{7} d_k W^k(t)}$$

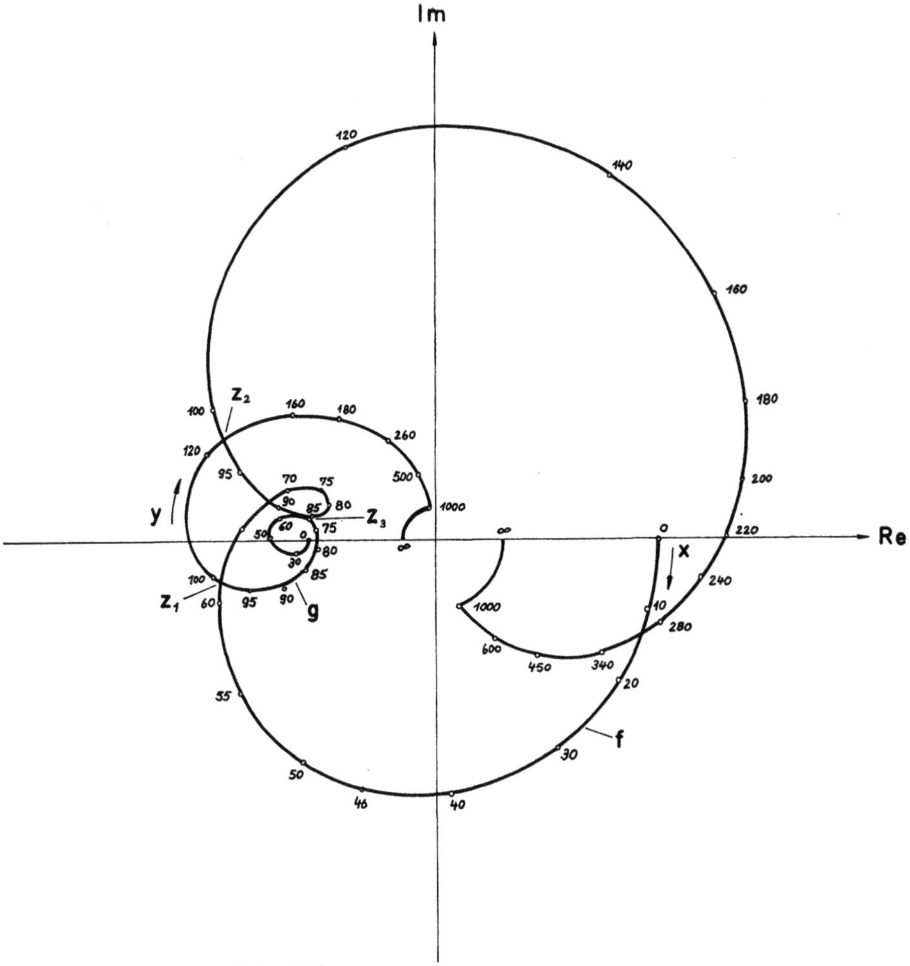

Abb. 4.11

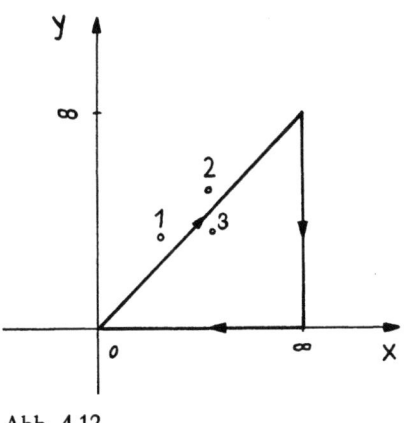

Abb. 4.12

27

k	a_k		b_k		c_k		d_k	
0	1.18	10^{12}	3.32	10^{14}	-0.61	10^{12}	3.17	10^{14}
1	-4.95	10^{9}	9.43	10^{12}	-1.79	10^{10}	8.47	10^{12}
2	2.58	10^{8}	2.20	10^{11}	-3.85	10^{8}	1.99	10^{11}
3	7.48	10^{5}	2.84	10^{9}	-4.71	10^{6}	2.51	10^{9}
4	2.23	10^{4}	2.68	10^{7}	-4.35	10^{4}	2.41	10^{7}
5	270		1.65	10^{5}	-225		1.54	10^{5}
6	1		600		-1		580	
7			1				1	

Ortskurvenbild: Abb. 4.13

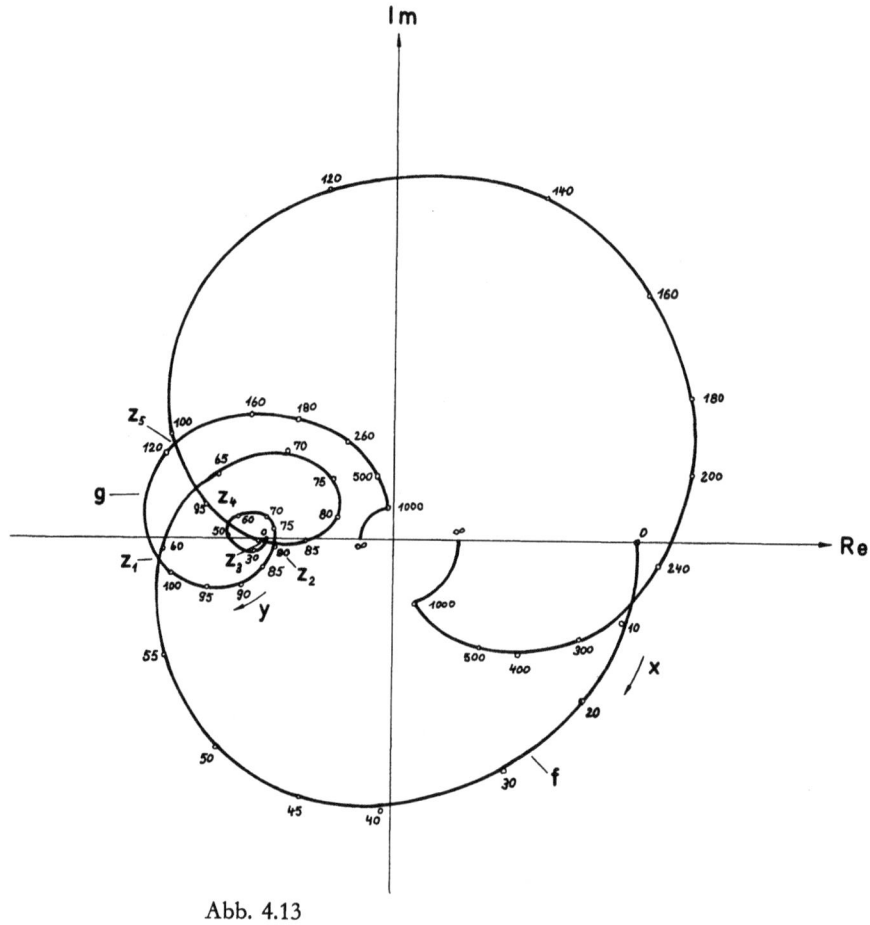

Abb. 4.13

Basiswerte:

$$x_0 = \infty, \ y_0 = 0$$

Schnittstellenlageplan: Abb. 4.14

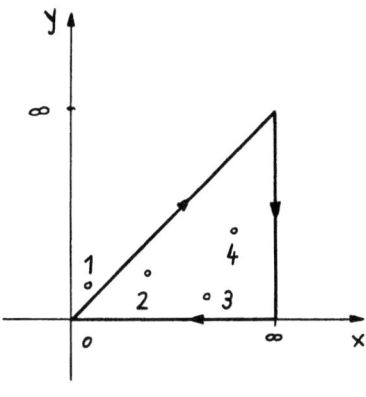

Abb. 4.14

	x	y	λ	$\varkappa$	$\lambda \cdot \varkappa$
z_1	59	105	0	-1	0
z_2	87	76	-1	-1	1
z_3	88	10	-1	-1	1
z_4	93	55	-1	1	-1
z_5	99	125	0	1	0

$$\sum_{i=1}^{n} \lambda(z_i)\varkappa(z_i) = +1$$

$$u(f,g) = 2\left(\overset{\circ}{u}(f,g(0)) + \overset{\circ}{u}(g,f(\infty)) + \sum_{i=1}^{n}\lambda(z_i)\varkappa(z_i)\right) = 2(-2+0+1) = -2$$

Daraus folgt:

$f-g$ besitzt Nullstellen im Inneren der Nyquist-Kontur.

Beispiel 5:

$$f(t) = \frac{\sum_{k=0}^{6} a_k W^k(t)}{\sum_{k=0}^{7} b_k W^k(t)} \quad;\quad g(t) = \frac{\sum_{k=0}^{6} c_k W^k(t)}{\sum_{k=0}^{7} d_k W^k(t)}$$

k	a_k	b_k	c_k	d_k
0	$1.19 \cdot 10^{12}$	$3.64 \cdot 10^{14}$	$-1.22 \cdot 10^{12}$	$3.17 \cdot 10^{14}$
1	$-3.19 \cdot 10^{9}$	$1.01 \cdot 10^{13}$	$-3.59 \cdot 10^{10}$	$8.47 \cdot 10^{12}$
2	$2.49 \cdot 10^{8}$	$2.34 \cdot 10^{11}$	$-7.70 \cdot 10^{8}$	$1.99 \cdot 10^{11}$
3	$9.00 \cdot 10^{5}$	$2.97 \cdot 10^{9}$	$-9.41 \cdot 10^{6}$	$2.51 \cdot 10^{9}$
4	$2.50 \cdot 10^{4}$	$2.73 \cdot 10^{7}$	$-8.69 \cdot 10^{4}$	$2.41 \cdot 10^{7}$
5	280	$1.66 \cdot 10^{5}$	$-4.50 \cdot 10^{2}$	$1.54 \cdot 10^{5}$
6	1	600	-1	580
7		1		1

Ortskurvenbild: Abb. 4.15

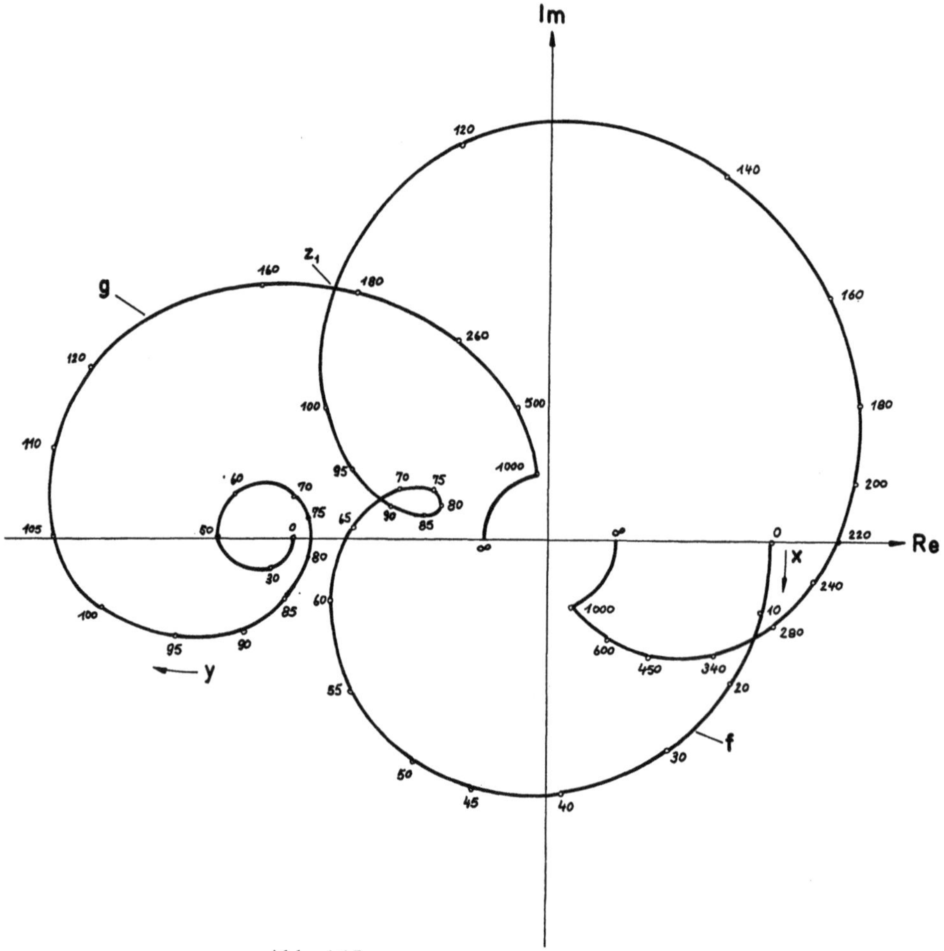

Abb. 4.15

Basiswerte:
$$x_0 = \infty, y_0 = \infty$$
Schnittstellenlageplan: Abb. 4.16

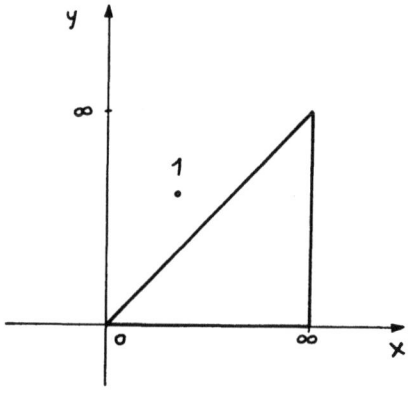

Abb. 4.16

	x	y	λ	$\varkappa$	$\lambda \cdot \varkappa$
z_1	106	175	0	$+1$	0

$$\varkappa(f,g) = 2\, (\overset{\circ}{\varkappa}(f,g(0)) + \overset{\circ}{\varkappa}(g,f(\infty)) + (z_1))$$
$$= 2\,(0+0+0) = 0$$

Daraus folgt:

$f-g$ besitzt keine Nullstellen im Inneren der Nyquist-Kontur.

5. Die Ergebnisse von P. Jones

Der Vorschlag, die Lage der Nullstellen einer Übertragungsfunktion $\hat{F}_1 - \hat{F}_2$ durch Untersuchung der Eigenschaften der Ortskurven F_1 und F_2 von $\hat{F}_1$ und $\hat{F}_2$ in Umgebungen der Schnittpunkte zu beurteilen, wurde erstmals von P. JONES gemacht [9].
Zur Analyse seiner Resultate formulieren wir zunächst einige allgemeine Voraussetzungen explizit. Es seien F_1 und F_2 Nyquistdiagramme* linearer, zeitinvarianter Systemglieder. F_1 und F_2 sollen keine Pole in der abgeschlossenen rechten Halbebene haben und der Zähler der Summe beider Funktionen sei die charakteristische Gleichung des betrachteten Gesamtsystems. Dann können wir annehmen:

(1) F_1 und F_2 sind stetige Abbildungen der abgeschlossenen Zahlengeraden $\bar{R}^1$ in R^2, und die Stabilitätsbedingung des betrachteten Gesamtsystems lautet:

(2) $\varkappa(F_1, F_2) = 0$.

Die Übertragungsfunktionen F_1 und F_2 sollen ferner reelle Koeffizienten haben, so daß gilt:

(3) $F_\varrho(x) = F_\varrho^*(-x)$, $x \in \bar{R}^1$, $\varrho = 1, 2$,

unter $F_\varrho^*(-x)$ die zu $F_\varrho(-x)$ konjugiert komplexe Zahl verstanden.

(4) Die Anzahl der Schnittpunkte von F_1 und F_2 sei endlich.

(5) F_1 habe mit F_2 nur einfach Schnittpunkte.

Schließlich nehmen wir an, daß gilt:

(6) $F_1(x) \neq F_2(0)$, $x \in \bar{R}^1$ und $F_1(\infty) \neq F_2(y)$, $y \in \bar{R}^1$

oder

(6') $F_1(0) \neq F_2(y)$, $y \in \bar{R}^1$ und $F_1(x) \neq F_2(\infty)$, $x \in \bar{R}^1$.

P. JONES formuliert nun:

"Instead of visualizing the rotation of the vector which joins the two curves, the information regarding the stability of the system can be obtained much more rapidly

---

* d. h. Abbildungen einer Nyquist-Kontur durch $\hat{F}_1$ und $\hat{F}_2$.

by inspecting the point or points at which the two loci intersect. The following description relates the intersecting points to the stability of the system:

In describing the use of the intersecting points as a means of determining stability, the terms frequency locus and terminal point will be used. The frequency locus of a function at a frequency f_n is defined as that protion of the polar plot of the function which exists for all frequencies up to and including the frequency f_n. The point f_n on this locus is called the terminal point of the locus. The frequency locus at $f_n = \infty$ is then the complete contour of the function for all positive real frequencies. In order to obtain generality, reference will be made to functions F_1 and F_2, where these functions will not be specified as to which was plotted directly or in the negative.

Having these definitions, the points of intersection of the functions may be used to determine stability by the stated rules aided by simple illustrations:

If the frequency locus of function F_1, as just described, enters the region enclosed by the contour of function F_2 before the terminal point of the frequency locus of function F_2 reaches the point of intersection, then for stability the terminal point of the frequency locus of function F_1 must leave this region by a second crossover point before the terminal point of the frequency locus of function F_2 reaches this second crossover. If the locus of function F_1 originates within the region enclosed by the contour of function F_2, then for stability the terminal point of the frequency locus of function F_1 must leave this region before the terminal point of the frequency locus of function F_2 arrives at the point of exit. If the terminal point $f_n = \infty$ of function F_1 lies within the region enclosed by the contour of function F_2, then for stability the terminal point of the frequency locus of function F_1 must not enter this region before the terminal point of the frequency locus of function F_2 has passed the crossover point. If the terminal point of the frequency locus of each of the functions reaches the point of intersection at the same value of f_n, the system is marginally unstable at this frequency.

When multiple crossovers occur, it is necessary for stability that these rules be applied each and every time the frequency locus of one function enters the region enclosed by the contour of the other".

Zur Beurteilung der Frage, $u(F_1, F_2) = 0$ oder $u(F_1, F_2) \neq 0$, wird bei JONES also folgendes untersucht:

Erstens die Lage der Punkte $F_1(0)$ und $F_1(\infty)$ im Komplement von $F_2([-\infty, \infty])$, zweitens die Ordnungsbeziehung der Parameterwerte von F_1 und F_2 in den Schnittpunkten [also die Bewertung (D 7)].

Interpretieren wir »the region enclosed by the contour of F_2« (also das Innere von F_2) als die Menge der Punkte p des Komplements von $F_2([-\infty, \infty])$ bezüglich R^2 mit $u(F_2, p) \neq 0$, so zieht die Betrachtung von JONES demnach erstens die Größen $u(F_2, F_1(0))$ und $u(F_2, F_1(\infty))$ heran. Die zweite Aussage, die Ordnungsbeziehung $x_0 < y_0$ oder $x_0 > y_0$ wenn $F_1(x_0) = F_2(y_0)$, liefert genau die im vorhergehenden (D 7) als Bewertung eines Index eingeführte Zahl.

Damit läßt sich der von JONES behauptete Sachverhalt mit Satz 1 in der Form 4.7 vergleichen. Zunächst folgt aus den Voraussetzungen (3) und (6), daß es genügt, statt F_1 und F_2 die Einschränkungen F_λ^* von F_λ, $\lambda = 1,2$, auf die nichtnegative abgeschlossene Zahlengerade zu betrachten.

Satz 5 Es sei $x \to F(x)$ stetige Abbildung des Intervalls $[-a, a] \subset \bar{R}^1$ in R_0^2. Ist $F(x) = F^*(-x)$ für $x \in [0, a]$, so gilt

$$\overset{a}{\underset{0}{V}} (x) \arg F(x) = \overset{0}{\underset{-a}{V}} (x) \arg F(x).$$

Denn aus $\arg F(x) \equiv -\arg F^*(-x) \mod 2\pi$ folgt für eine zugehörige Argumentfunktion $\Phi: [-a, a] \to R^1$ stets $\Phi(x) = -\Phi(-x)$ und daher

$$\overset{a}{\underset{0}{V}} (x) \arg F(x) = \Phi(a) - \Phi(0) = -\Phi(-a) + \Phi(0) =$$

$$= -\overset{a}{\underset{0}{V}} (-x) \arg F(-x) = \overset{0}{\underset{-a}{V}} (x) \arg F(x).$$

Nach den Voraussetzungen (1) und (3) ist dieser Satz anwendbar. Es genügt aber auch die Betrachtung der Schnittstellen von F_1 mit F_2. Denn nach Hinzunahme von Voraussetzung (6) können im Schnittstellendiagramm das Dreieck $((0,0), (a, 0), (a, a))$, nach Voraussetzung (6') das Dreieck $((0,0), (0, a), (a, a))$ für die Bestimmung von $u(F_1, F_2)$ zugrunde gelegt werden. Es genügt also die Betrachtung der Schnittstellen im ersten Quadranten des Schnittstellendiagramms.

Auf Grund der Voraussetzungen (4) und (5) können wir annehmen, daß die Schnittstellen von F_1 mit F_2 im ersten Quadranten als endliche Folge angeordnet werden können. Es sei

(8) $(x_1, y_1), \ldots, (x_n, y_n)$ die Folge der Schnittstellen von F_1 mit F_2 im ersten Quadranten, und es sei $z_\iota = F_1(x_\iota), \iota \in \{1, \ldots, n\}$.

Mit (8) und Satz 3 folgt unter den Voraussetzungen (1) bis (6):

(9) $u(F_1, F_2) = u(F_1, F_2(0)) + u(F_2, F_1(\infty))$

$$+ 2 \sum_{\iota=1}^{n} \lambda(z_\iota, (f, g)) \varkappa(z_\iota, F_1, F_2,).$$

Gilt nun, wie bei JONES angenommen, durchweg $x_\iota < y_\iota, \iota \in \{1, \ldots, n\}$, d. h. liegt keine der Schnittstellen (x_ι, y_ι) im Innern des Dreiecks $((0,0), (\infty, 0), (\infty, \infty))$, so sind in (9) die Bewertungen sämtlicher Indizes Null. Aus (9) folgt daher unmittelbar der folgende Satz.

Satz 6 (JONES). Unter den Voraussetzungen (1) bis (6) gilt: Beginnt F_2 im Äußeren von F_1 und erreicht der Frequenzort von F_1 jeden Schnittpunkt von F_1 mit F_2 eher als der Frequenzort von F_2, so ist das System stabil, wenn der Endpunkt von F_1 im Äußeren von F_2 liegt.

Der Satz bleibt gültig, wenn man die Indizes 1 und 2 und die Voraussetzung (6) mit (6') vertauscht.

Die Beschränkung auf hinreichende Aussagen ist bei der Untersuchung von JONES offenbar darin begründet, daß der Einfluß der Indizes der Schnittpunkte bei von Null verschiedener Bewertung nicht explizit berücksichtigt wird.

6. Die Ergebnisse von P. N. Nikiforuk und D. D. G. Nunweiler

Die von P. N. NIKIFORUK und D. D. G. NUNWEILER unabhängig von P. JONES [5] vorgeschlagene Methode zur Beurteilung der Lage der Nullstellen einer Übertragungsfunktion $A + B$ geht zwar wieder von den Schnittpunkten der Ortskurven Γ_A und Γ_{-B} von A und $-B$ aus, stützt sich aber rein auf die Umlaufzahlen gewisser durch Schnittpunktsparameter bestimmter Ortskurvenpunkte.

Die allgemeinen Voraussetzungen sind bei NIKIFORUK-NUNWEILER (explizit oder implizit) die gleichen wie bei JONES [5.(1) bis 5.(6) resp. (6')]. Wir werden jedoch im folgenden die Voraussetzungen von Fall zu Fall festsetzen. NIKIFORUK und NUNWEILER formulieren:

"To apply this stability criterion a plot of $F(s)$ is needed. This requires the addition of $B(s)$ and $A(s)$. This procedure can be avoided by making use of the individual transfer functions — $B(s)$ and $A(s)$. For the conditions that are specified in the preeding paragraph, the path Γ_s in the s-plane also maps in the F-plane into the two loci Γ_{-B} and Γ_A corresponding to the two functions — $B(s)$ and $A(s)$. The manner in which these loci intersect and the frequency distribution that exists along them determine the stability of the system. Thus, if the two loci do not intersect, and one locus is not enclosed by the other, the system is stable. If, however, one locus is entirely enclosed by the other, the system is unstable. If the two loci intersect, it is possible for the system to be unstable. For this condition the stability of the system is a function of the frequency distribution along these two curves. Thus, if the value of Γ_A at the point of intersection is $A(s_n)$, the corresponding point on Γ_{-B} is — $B(s_n)$. This point may be located at the intersection or to one side of it. If — $B(s_n)$ is not enclosed by the locus of Γ_A as Γ_A passes through the point of intersection, the system is stable. Conversely, if — $B(s_n)$ is enclosed the system is unstable. If the two points coincide, the system is critically stable. The regions of enclosure are determined, of course, in the conventional manner of complex variable theory."

Seien f und g die periodischen Fortsetzungen von Parameterdarstellungen von Γ_A und Γ_{-B} auf einem endlichen Intervall $[-a, a]$ also

1. f und g stetige mit der Periode $2a$ periodische Abbildungen von R^1 in R^2.

Haben f und g auf dem genannten Intervall $[-a, a]$ keinen Schnittpunkt, so ist nach Satz 1

$$u(f, g) = u(f, g(y_0)) + u(g, f(x_0)),$$

wobei hier x_0 und y_0 in $[-a, a]$ ganz beliebig gewählt werden können. Setzen wir als Stabilitätsforderung $u(f, g) = 0$ voraus, so lautet die Stabilitätsbedingung

$$u(f, g(y_0)) + u(g, f(x_0)) = 0.$$

Da aber unter der Annahme, daß f und g keinen Schnittpunkt haben, immer das Bild wenigstens einer der beiden Abbildungen im Äußeren der anderen liegt, ist wenigstens eine der beiden Umlaufzahlen Null. $u(f, g) = 0$ ist also gleichbedeutend mit

$$u(f, g(y_0)) = 0 \quad \text{und} \quad u(g, f(x_0)) = 0.$$

Dieses Resultat bestätigt das Ergebnis von NIKIFORUK-NUNWEILER.
Wir betrachten nun unter der Voraussetzung 1. den Fall, daß f und g genau ein Paar Schnittpunkte $(z, \bar{z})$ gemeinsam haben, die einander konjugiert sind, d. h. ist $z = f(x_1)$ und $z = g(y_1)$, so ist $\bar{z} = f(-x_1)$ und $\bar{z} = g(-y_1)$ und umgekehrt.
Aus dem Vorschlag von NIKIFORUK-NUNWEILER ergibt sich für diesen Fall die folgende allgemeine Frage: »Ist $z = f(x_1)$ und liegt $g(x_1)$ nicht auf $f([-a, a])$, ist dann $u(f, g)$ vollständig durch $u(f, g(x_1))$ bestimmt?« Die Frage muß in dieser Form verneint werden, wie folgendes Beispiel zeigt, Abb. 6.1, 6.2.

(α) $u(f, g(x_1)) = 0$ aber $u(f, g) \neq 0$ \qquad (β) $u(f, g(x_1)) = 0$ und $u(f, g) = 0$

$$B(z) + A(z) = \frac{z-3}{z+1} + 2\frac{z+1}{z-1} \qquad B(z) + A(z) = \frac{z-3}{z+1} - 2\frac{z-1}{z+1}$$

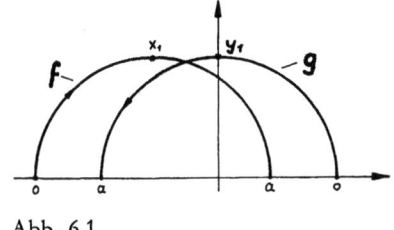
Abb. 6.1

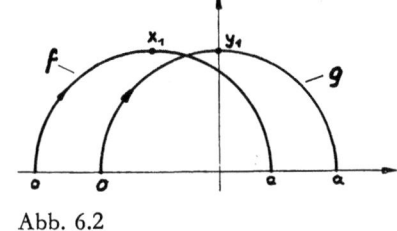
Abb. 6.2

Wir kommen aber zu einem brauchbaren Resultat, wenn wir außer $u(f, g(x_1))$ noch die Umlaufzahl um einen der Anfangspunkte $g(0)$ oder $f(0)$ hinzunehmen. Zur Ableitung greifen wir auf die Überlegungen des 2. Kapitels zurück.

Satz 7 (NIKIFORUK-NUNWEILER). Seien f und g stetige mit der Periode $2a$ periodische Abbildungen des Intervalls in R^2. Sei $f(x) = f^*(-x)$ (unter $f^*(x)$ die zu $f(x)$ konjugiert komplexe Zahl verstanden) und $g(x) = g^*(-x)$. Haben f und g genau einen Schnittpunkt z mit folgenden Eigenschaften: 1. Es gibt genau einen Parameterwert x_1 mit $z = f(x_1)$, 2. $x_1 \in \,]0, a[$, 3. ist $z = g(y)$, so ist $y \neq x_1$ und 4. $y \in [0, a]$. Dann gilt:

$$\frac{1}{2} u(f, g) = \frac{1}{2} u(g, f(0)) - \frac{1}{2} u(f, g(a)) + u(f, g(x_1))$$

oder

$$\frac{1}{2} u(f, g) = \frac{1}{2} u(g, f(a)) - \frac{1}{2} u(f, g(0)) + u(f, g(x_1))$$

letzteres, wenn noch zusätzlich $y \neq 0$ für $g(y) = z$ erfüllt ist.

Beweis: Sei $h(x, y) = f(x) - g(y)$. Wir betrachten in der (x, y)-Ebene das Gebiet $\{(x, y) : x \in [0, a], y \in [0, a]\}$. Sei C die wie folgt zusammengesetzte Kurve: Abb. 6.3

$$C = D - S_a - K_0 + S_{-a} + W_a - L_0$$

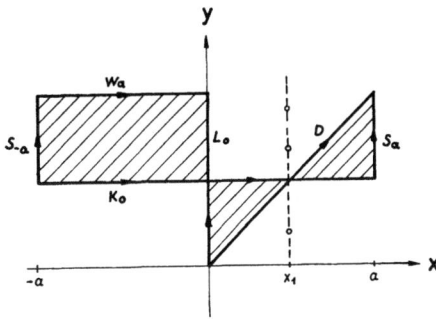
Abb. 6.3

Für jede Nullstelle (ξ, η) von h im betrachteten Gebiet gilt nach Voraussetzung $\xi = x_1$, $0 < x_1 < a$ und $\eta \neq x_1$, $0 \leq y \leq a$.
Also ist h längs C von Null verschieden. Dann gilt: $V_C \arg h$ existiert und es ist

(1) $V_C \arg h = V_D \arg h - V_{S_a} \arg h - V_{K_0} \arg h +$
$\qquad + V_{S_{-a}} \arg h + V_{W_a} \arg h - V_{L_0} \arg h.$

Da ferner alle Nullstellen von h auf der Geraden $(y \to (x_1, y), y \in [0, a])$ liegen, liegt keine Nullstelle von h im Innern von C (schraffiert). Aus dem Cauchy-Kroneckerschen Existenzsatz folgt also:

(2) $\quad V_C \arg h = 0$.

Nun gilt nach Definition von h:

(3) $\quad V_D \arg h = \overset{a}{\underset{0}{V}} (x) \arg (f(x) - g(x)) = 2\pi \cdot \frac{1}{2} u(f, g)$

$\quad V_{S_a} \arg h = \overset{a}{\underset{0}{V}} (y) \arg (g(y) - f(a)) = \overset{a}{\underset{0}{V}} (y) \arg (g(y) - f(-a))$,

letzteres wegen $f(a) = f(-a)$. Also ist

(4) $\quad V_{S_a} \arg h = V_{S_{-a}} \arg h$.

(5) $\quad V_{K_0} \arg h = \overset{a}{\underset{-a}{V}} (x) \arg (f(x) - g(x_1)) = 2\pi u(f, g(x_1))$

(6) $\quad V_{L_0} \arg h = \overset{a}{\underset{0}{V}} (y) \arg (g(y) - f(0)) = 2\pi \cdot \frac{1}{2} u(g, f(0))$

(7) $\quad V_{W_a} \arg h = \overset{a}{\underset{0}{V}} (x) \arg (f(x) - g(a))$

Wir erhalten also aus (1) bis (7)

(8) $\quad \frac{1}{2} u(f, g) - u(f, g(x_1)) - \frac{1}{2} u(g, f(0)) + \frac{1}{2} u(f, g(a)) = 0$.

Das ist die erste Behauptung von Satz 7. Die zweite Behauptung ergibt sich durch die gleichen Betrachtungen an der abgebildeten Figur in der (x, y)-Ebene, Abb. 6.4

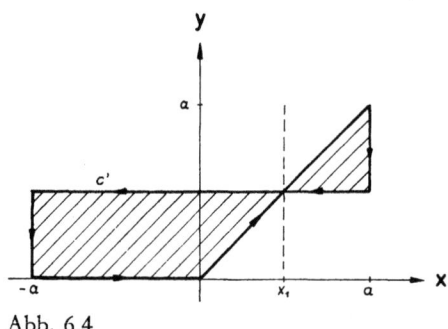

Abb. 6.4

Wesentlich für die Gültigkeit des Satzes in beiden Formen ist nur, daß keine Schnittstellen auf oder im Innern von C liegen. Er kann also dahingehend verallgemeinert werden, daß man außerhalb des genannten Bereichs weitere Schnittstellen zuläßt. Zwei weitere konjugierte Schnittstellen gibt es in dem von NIKIFORUK-NUNWEILER angegebenen Beispiel (Fig. 4 dort), Abb. 6.5
Für diese beiden Schnittstellen $z_2 = (x_2, y_2)$ und $z_2^* = (x_2, -y_2)$ gilt $-a < x_2 < 0$ und

(9) $\quad x_1 < y_2 < a$ oder
(10) $\quad 0 < y_2 < x_1$.

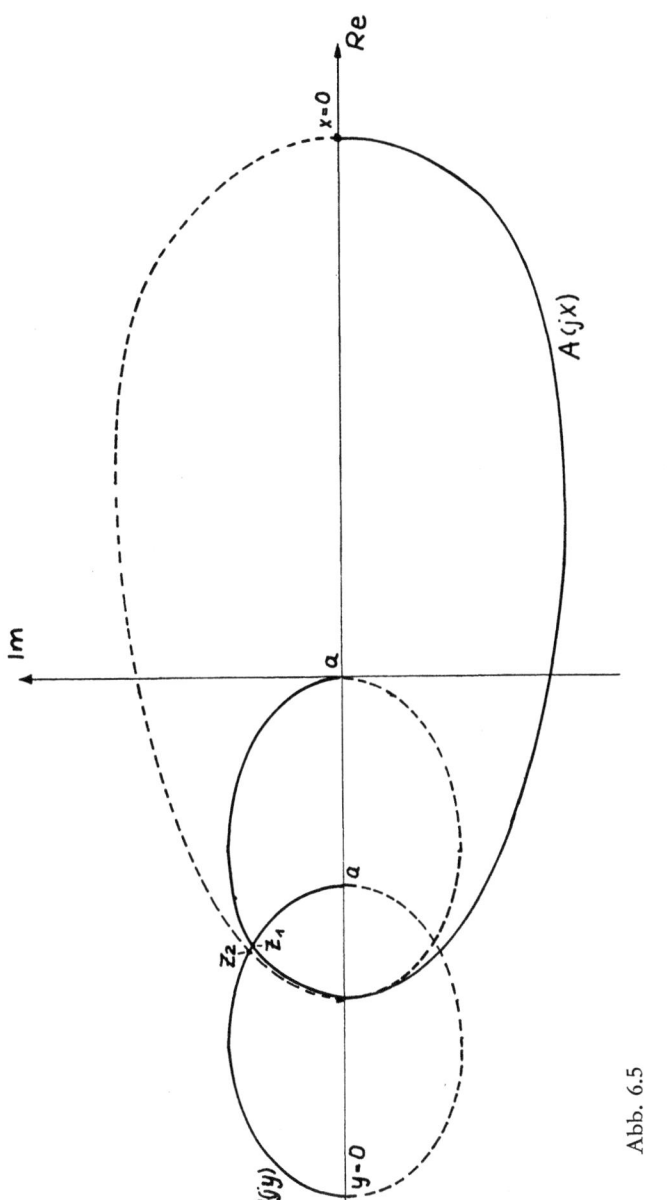

Abb. 6.5

Im Fall (9) liegt (x_2, y_2) oberhalb von C', also gilt die zweite Form des Satzes 7:

$$\frac{1}{2} u(\Gamma_A, \Gamma_{-B}) = \frac{1}{2} u(\Gamma_{-B}, A(\infty)) - \frac{1}{2} u(\Gamma_A, -B(0)) + u(\Gamma_A, -B(jx_1)),$$

daher $u(\Gamma_A, \Gamma_{-B}) = 0$ mit den Bezeichnungen von Nikiforuk–Nunweiler und $s_n := x_1$. Im Fall (10) liegt (x_2, y_2) unterhalb von C. Also gilt die erste Form des Satzes 7:

$$\frac{1}{2} u(\Gamma_A, \Gamma_{-B}) = \frac{1}{2} u(\Gamma_{-B}, A(0)) - \frac{1}{2} u(\Gamma_A, -B(\infty)) + u(\Gamma_A, -B(jx_1))$$

also

$$\frac{1}{2} u(\Gamma_A, \Gamma_{-B}) = 0 - \frac{1}{2}(+2) - (+2) = 1 \neq 0.$$

Ein Vergleich des Beweises von Satz 7 mit der Ableitung des Satzes 1 (im 2. Kapitel) zeigt, daß man auf die Methode von Nikiforuk–Nunweiler stößt, wenn man die Forderung nach Bestimmung der Indizes der Schnittstellen durch die Forderung ersetzt, durch Wahl geeigneter Kurven in der (x, y)-Ebene die Notwendigkeit der Indizesbestimmung zu vermeiden, vielmehr diese durch Umlaufzahlen um gewisse feste Punkte zu ersetzen.

Diese Fragestellung läßt sich auch für große Zahlen von Schnittpunkten lösen, sofern man es mit Schnittpunkten zu tun hat, die in bezug auf wenigstens eine der beiden Ortskurven alle einfache Punkte sind (d. h. von dieser Ortskurve genau einmal durchlaufen werden). Schwierigkeiten für die Angabe eines allgemein gültigen Verfahrens treten aber auf, wenn man auf diese Einschränkung verzichten will.

7. Das Kriterium von H. Cremer und F. Kolberg

H. Cremer und F. Kolberg gaben als erste ein Verfahren zur Stabilitätsprüfung mittels der Ortskurven von Regler und Regelstrecke unter allgemeinen Bedingungen an. Es stützt sich allerdings nicht, wie bei Jones und Nikiforuk–Nunweiler auf die Schnittpunkte der Ortskurven f_1 und f_2, sondern auf Ortskurvenpunkte $f_1(\omega_i)$ und $f_2(\omega_i)$ mit der Eigenschaft $\arg f_1(\omega_i) = \arg f_2(\omega_i) \bmod 2\pi$, $f_\varrho = |f_\varrho| \exp \circ i \arg f_\varrho$, $\varrho = 1, 2$. Die Stabilitätsaussage wird dann durch Vergleich der Ableitungen von $\arg f_1$ und $\arg f_2$ nach ω an den Stellen ω_i einerseits und der Beträge $f_1(\omega_i)$ und $f_2(\omega_i)$ andererseits gewonnen. (Auf der gleichen Grundlage beruhen auch die Arbeiten [4], [14], [19].) Dieses Verfahren wird aber dem Vorgehen von Jones und Nikiforuk–Nunweiler vergleichbar, wenn man statt direkt von den Ortskurven f_1 und f_2 von Amplituden- und Phasendiagramm oder logarithmischen Amplituden- und Phasendiagramm dieser Ortskurven ausgeht, denn die Punkte von f_1 und f_2 mit $\arg f_1(\omega_i) \equiv \arg f_2(\omega_i) \bmod 2\pi$ sind hier Schnittpunkte der Phasengraphen $\Phi_2 + 2 m \pi$ und Φ_1, m ganzzahlig.

Auch das Verfahren von Cremer–Kolberg führt dementsprechend auf topologisch analytische Grundlagen zurück, nur beruht es nicht auf Satz 1, wie die Ergebnisse Jones und Nikiforuk–Nunweiler, sondern wird direkt aus der folgenden Modifikation des Satzes 4 abgeleitet.

(D 8) Sei f stetige Abbildung eines offenen Intervalls I in R_p^2, G_p eine orientierte Jordankurve mit dem Anfangspunkt p. Sei g eine Parameterdarstellung von G_p auf I, $G_p = [g]$. Ist $f(\omega_\iota)$ ein Schnittpunkt von f mit G_p (dem nach Definition von G genau ein Parameterwert x_ι mit $f(\omega_\iota) = g(x_\iota)$ zugeordnet ist), so schreiben wir

$$\varkappa(f(\omega_\iota), (f, G_p), \omega_\iota) := \varkappa(f(\omega_\iota), (f, G_p), (\omega_\iota, x_\iota)).$$

Satz 8 Sei f eine stetige mit der Periode $\varkappa$ periodische Abbildung von R^1 in R_p^2, p eine nichtnegative reelle Zahl und G_p das in p beginnende Stück der positiv orientierten reellen Achse. Ist die Menge aller Parameterwerte ω_ι, in denen f den Halbstrahl G_p schneidet, endlich, etwa $\iota = 1, \ldots, n$, so gilt

$$u(f, p) = \sum_{\iota=1}^{n} \varkappa(f(\omega_\iota), (f, G_p), \omega_\iota).$$

Um nun den Zusammenhang zwischen Satz 8 und dem Verfahren von CREMER–KOLBERG herzustellen, beweisen wir zunächst den folgenden Satz:

(D 9) Sei f stetige Abbildung eines Intervalls I in R_0^2, so bezeichnet $\arg f$ eine stetige Abbildung von I in R^1 mit der Eigenschaft $f = |f| \exp \circ\, i \arg f$.

Satz 9 Genügen f und G_p den Voraussetzungen des Satzes 8, ist f überall von Null verschieden und $\arg f$ an der Stelle ω_ι differenzierbar und ist die Ableitung dort von Null verschieden, so gilt:

$$\varkappa(f(\omega_\iota), (f, G_p), \omega_\iota) = \operatorname{sgn} \left.\frac{d \arg f}{d\omega}\right|_{\omega=\omega_\iota}.$$

Beweis: Sei g_p eine Parameterdarstellung von G_p auf I und $g(x_\iota) = f(\omega_\iota)$. Dann ist also (ω_ι, x_ι) isolierte Schnittstelle von f mit g_p. Aus Satz 2 folgt für eine hinreichend nahe bei ω_ι gelegene Stelle $\omega_\iota' > \omega_\iota$

$$\varkappa(f(\omega_\iota), (f, g_p), (\omega_\iota, x_\iota)) = \operatorname{sgn} \operatorname{Im} f(\omega_\iota').$$

Ist ferner ω_2 so gewählt, daß $\arg f(\omega) \neq 0 \mod 2\pi$ für $\omega \in\,]\omega_\iota, \omega_2]$, so gilt

$$\operatorname{sgn} \operatorname{Im} f(\omega_\iota') = \operatorname{sgn} \left.\frac{d \arg f}{d\omega}\right|_{\omega=\omega_\iota}.$$

Der Satz 9 stellt nun in Verbindung mit den folgenden Sätzen nicht nur den Zusammenhang zwischen dem Kriterium von CREMER–KOLBERG und Satz 8 her, sondern er erlaubt es darüber hinaus, dieses Kriterium dahingehend zu verallgemeinern, daß auf die Voraussetzung der Differenzierbarkeit von $\arg f$ überhaupt verzichtet werden kann.

(D 10) Unter den Voraussetzungen der Definition (D 9) bezeichnet $\arg^{(m)} f$ die Abbildung $\arg f + 2m\pi$, m eine ganze Zahl. Φ oder $\Phi^{(m)}$ bezeichnen die Abbildungen $\omega \to (\omega, \arg f(\omega))$ resp $\omega \to (\omega, \arg^{(m)} f(\omega))$, $\omega \in I$, und werden *Phasendiagramme* von f genannt.

Satz 10 Seien f_1 und f_2 stetige Abbildungen eines offenen Intervalls I in R_0^2, $f = f_1 : f_2$. Seien Φ_1 und $\Phi_2^{(m)}$ Phasendiagramme von f_1 und f_2. Ist $\Phi_1(\omega_0) (= \Phi_2^{(m)}(\omega_0))$ isolierter Schnittpunkt von Φ_1 und $\Phi_2^{(m)}$, so ist $f(\omega_0)$ Schnittpunkt von f mit der positiv orientierten reellen Achse G und es gilt:

$$\varkappa(\Phi_1(\omega_0), (\Phi_1, \Phi_2^{(m)})) = \varkappa(f(\omega_0), (f, G), \omega_0).$$

Ist $f(\omega_0)$ Schnittpunkt erster Ordnung von f und G, und wird $[f]$ mit F bezeichnet, so gilt:
$$\varkappa(\Phi_1(\omega_0), (\Phi_1, \Phi_2^{(m)})) = \varkappa(f(\omega_0), (F, G)).$$

Beweis: Es können zwei Parameterwerte ω_0', ω_0'' so ausgewählt werden, daß $\omega_0' < \omega_0 < \omega_0''$ und
$$\arg f_1(\omega) \equiv \arg f_2(\omega) \bmod 2\pi \quad \text{für} \quad \omega \in [\omega_0', \omega_0[\quad \text{und} \quad \omega \in]\omega_0, \omega_0''].$$

Wir betrachten in Satz 2 statt eines Kreises nun ein achsenparalleles Rechteck, das $\Phi_1(\omega_0)$ im Innern enthält und dessen senkrechte Kanten die Abszissenwerte ω_0' und ω_0'' haben. Dann gilt nach Satz 2:

$\varkappa(\Phi_1(\omega_0), (\Phi_1 \Phi_2^{(m)})) =$
$$\begin{cases} -1, & \text{wenn } \arg f_1(\omega_0') > \arg^{(m)} f_2(\omega_0') \quad \text{und} \quad \arg f_1(\omega_0'') < \arg^{(m)} f_2(\omega_0''), \\ +1, & \text{wenn } \arg f_1(\omega_0') < \arg^{(m)} f_2(\omega_0') \quad \text{und} \quad \arg f_1(\omega_0'') > \arg^{(m)} f_2(\omega_0''), \\ 0, & \text{wenn keine dieser beiden Forderungen erfüllt ist.} \end{cases}$$

Ist $\Phi = \Phi_1 - \Phi_2^{(m)}$ und $f_1 : f_2 = f$, so folgt zunächst, daß $\Phi_1(\omega_0) = \Phi^{(m)}(\omega_0)$ gleichbedeutend mit $\Phi(\omega_0) = 2m\pi$ ist. Die obige Beziehung geht über in:

$\varkappa(\Phi_1(\omega_0), (\Phi_1, \Phi_2^{(m)})) =$
$$\begin{cases} -1, & \text{wenn } \arg f(\omega_0') > 2m\pi \quad \text{und} \quad \arg f(\omega_0'') < 2m\pi, \\ +1, & \text{wenn } \arg f(\omega_0') < 2m\pi \quad \text{und} \quad \arg f(\omega_0'') > 2m\pi, \\ 0, & \text{wenn keine dieser Forderungen gilt.} \end{cases}$$

Diese Bedingungen können durch folgende ersetzt werden:
$$\varkappa(\Phi_1(\omega_0), (\Phi_1, \Phi_2^{(m)})) = \frac{1}{2} \operatorname{sgn} \arg f(\omega_0'') - \frac{1}{2} \operatorname{sgn} \arg f(\omega_0').$$

Aus $\Phi_1(\omega) \equiv \Phi_2^{(m)}(\omega) \bmod 2k\pi$ für $\omega \neq \omega_0$ und $\omega \in [\omega_0', \omega_0'']$ folgt $\arg f \equiv 0 \bmod 2\pi$. Daher ist dort
$$\operatorname{sgn} \arg f(\omega) = \operatorname{sgn} \operatorname{Im} f(\omega),$$

insbesondere also auch für ω_0' und ω_0''. Ersetzen wir f durch die Einschränkung von f auf das Intervall $\Omega = [\omega_0', \omega_0'']$, f_Ω, so erkennt man durch Anwendung von Satz 2
$$\varkappa(\Phi_1(\omega_0), (\Phi_1, \Phi_2^{(m)})) = \varkappa(f_\Omega(\omega_0), (f_\Omega, G)).$$

Mit Satz 10 läßt sich nunmehr das Verfahren von CREMER-KOLBERG ohne Differenzierbarkeitsvoraussetzungen bezüglich der Phasendiagramme formulieren.

Satz 11 (CREMER-KOLBERG). Seien f_1 uns f_2 stetige mit σ periodische Abbildungen von R^1 in R^2 und
$$f_1(\omega) \neq f_2(\omega) \quad \text{für alle} \quad \omega \in R^1.$$

Sei $\Phi_1, \Phi_2^{(0)}$ Phasendiagramme von f_1 und f_2 auf $[a, a+\sigma]$, a so gewählt, daß $\Phi_1(a) \neq \Phi^{(0)}(a)$. Seien $\Phi_2^{(m)}$, $m \in \{-k, \ldots, 0, \ldots r\}$ die von $\Phi_2^{(0)}$ erzeugten Phasendiagramme von f_2, (D 10), die Φ_1 schneiden. Sei $\omega_{1m}, \ldots, \omega_{n_m}$ die Menge aller Parameterwerte für die Φ_1 die Kurve $\Phi_2^{(m)}$ schneidet mit der Eigenschaft $|f_1(\omega_{\iota m})| > |f_2(\omega_{\iota m})|$. Dann gilt:
$$\frac{1}{2\pi} \overset{a+\sigma}{\underset{a}{V}}(\omega) \arg\left(1 - \frac{f_1(\omega)}{f_2(\omega)}\right) = \sum_{m=-k}^{m=r} \sum_{\iota=1}^{n_m} \varkappa(\Phi_1(\omega_{\iota m}), (\Phi_1, \Phi_2^{(m)}), \omega_{\iota m}).$$

Beachtet man, daß unter der Voraussetzung $f_2 \neq 0$ gilt:

$$\overset{a+\sigma}{\underset{a}{V}} \arg\left(1 - \frac{f_1}{f_2}\right) = \overset{a+\sigma}{\underset{a}{V}} \arg \frac{1}{f_2}(f_1 - f_2) = \overset{a+\sigma}{\underset{a}{V}} \arg(f-f) - \overset{a+\sigma}{\underset{a}{V}} \arg f_2,$$

so ergibt sich aus Satz 11 folgende Darstellung der Umlaufzahl $u(f_1, f_2)$:

$$u(f_1, f_2) = u(f_2, 0) + \sum_{m=-k}^{m=r} \sum_{\iota=1}^{n_m} \varkappa(\Phi_1(\omega_{\iota m}), (\Phi_1, \Phi_2^{(m)}), \omega_{\iota m})$$

mit $u(f_2, 0) = \arg f_2(a + \sigma) - \arg f_2(a)$, was aus dem Phasendiagramm von f_2 leicht abgelesen werden kann.

Beispiel 6:

$$f_1(t) = \frac{\sum_{k=0}^{6} a_k W(t)^k}{\sum_{k=0}^{7} b_k W(t)^k} \quad ; \quad f_2(t) = \frac{\sum_{k=0}^{6} c_k W(t)^k}{\sum_{k=0}^{7} d_k W(t)^k}$$

Die Koeffizienten a_k, b_k, c_k und d_k entnimmt man der Tabelle des Beispiels 5. Da die Koeffizienten reell sind, gilt hier

$$u(f_1, f_2) = u(f_1, 0) + \lambda(\omega_1, f_1, f_2) \varkappa(\omega_1, f_1, f_2)$$

oder

$$u(f_1, f_2) = u(f_2, 0) + \lambda(\omega_1, f_2, f_1) \varkappa(\omega_1, f_2, f_1)$$

mit

$$\lambda(\omega_1, f_1, f_2) = \begin{cases} 0, & \text{wenn } |f_1(\omega_1)| < |f_2(\omega_1)| \\ 1, & \text{wenn } |f_1(\omega_1)| > |f_2(\omega_1)| \end{cases}$$

$u(f_1, f_2)$ bezeichnet den Umlauf für das Parameterintervall $[0, \infty]$.
Amplituden- und Phasendiagramm: Abb. 7.1

(a) Bewertung der Schnittstelle:

$\lambda(\omega_1, f_1, f_2) = 0$

Umlauf um den Nullpunkt:

$u(f_2, 0) = 0$

Daraus ergibt sich $u(f_1, f_2) = 0$.

(b) Bewertung der Schnittstelle:

$\lambda(\omega_1, f_2, f_1) = 1$

Index:

$\varkappa(\omega_1, f_2, f_1) = 1$

Umlauf um den Nullpunkt:

$u(f_1, 0) = -1$

Daraus ergibt sich $u(f_1, f_2) = -1 + 1 \cdot 1 = 0$.

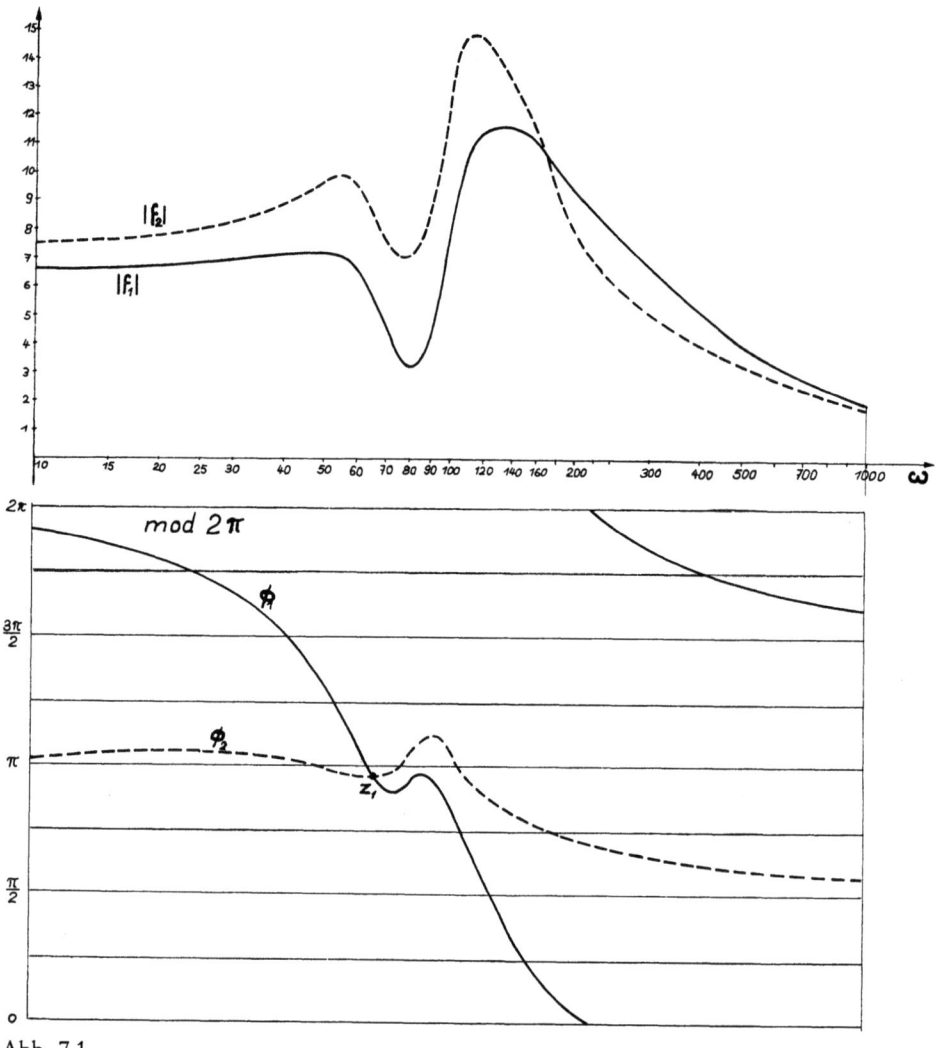

Abb. 7.1

Literaturverzeichnis

[1] ALEXANDROFF, P., und H. HOPF, Topologie I. Springer, Berlin (1935).
[2] BEHNKE, H., und F. SOMMER, Theorie der analytischen Funktionen einer komplexen Veränderlichen. Springer-Verlag, Berlin–Göttingen–Heidelberg (1962).
[3] CAUCHY, A. L., Turiner Abhandlung aus dem Jahre 1831; vgl. Kap. 7, § 13.
[4] CHEN, C. F., und I. J. HAAS, An extension of Oppelt's stability criterion based on the method of two hodographs, IEEE Trans. on Automatic Control, Bd. AC 10 (1965), S. 99–102.
[5] CHOKSY, N. H., On Dual Locus Diagrams, IEEE Trans. on Automatic Control, Januar (1966), S. 142.
[6] CREMER, H., und F. KOLBERG, Zur Stabilitätsprüfung von Regelungssystemen mittels Zweiortskurvenverfahren, Forschungsberichte des Landes Nordrhein-Westfalen, Nr. 1317 (1964).
[7] CREMER, L., Ein neues Verfahren zur Beurteilung der Stabilität linearer Regelungssysteme, ZAMM 25/27, Nr. 5/6 (1947).
[8] DOMBROWSKI, P., Theorie der Umlaufzahl und ihre Anwendungen, Seminar über Topologie von F. Hirzebruch, Bonn, Math. Inst. (WS 1956/57).
[9] JONES, P., Stability of Feedback Systems Using Dual Nyquist Diagram, Trans. IRE (Circuit Theory), Bd. CT-1 (1954).
[10] KRONECKER, L., Über Systeme von Funktionen mehrerer Variablen, Monatsb. d. kgl. Preuß. Akad. d. Wiss., Berlin (1859).
[11] LEONHARD, A., Ein neues Verfahren zur Stabilitätsuntersuchung, Arch. Elektrotechn. 38 (1944).
[12] LUEG, H., Das Stabilitätskriterium von Nyquist, in: W. HERZOG, Oszillatoren mit Schwingkristallen, Springer (1953).
[13] NEWMAN, M. H. A., Elements of the Topologie of Plane Sets of Points, Cambridge Uni. Press (1954).
[14] NIKIFORUK, P. N., und D. R. WESTLUND, Relative Stability from the dual-locus diagram, IEEE Trans. on Automatic Control, Bd. AC-10 (1965), S. 103/104.
[15] NIKIFORUK, P. N., und D. D. G. NUNWEILER, Dual-locus stability analysis, Internat'l J. Control, Bd. 1 (1965), S. 157–166.
[16] NYQUIST, H., Regeneration Theory, Bell Syst. Techn. Journal 11 (1932), S. 126.
[17] OPPELT, W., Grundgesetze der Regelung, Wolfenbüttel–Hannover (1947)
[18] OPPELT, W., A Stability Criterion based on the Method of two Hodographs, Avt. i. Telemek, Vol 22, No. 9, S. 1175–1178, (1961).
[19] OPPELT, W., Über Ortskurvenverfahren bei Regelvorgängen mit Reibung, Z-VDI 90 (1948), S. 179–183.
[20] PESCHL, E., Funktionstheorie I, BI-Hochschultaschenbücher, Bd. 131/131a, Bibliographisches Institut Mannheim (1968).
[21] RADO, T., und P. V. REICHELDERFER, Continuous Transformations in Analysis, Springer (1955).
[22] RINOW, W., Die innere Geometrie der metrischen Räume, Springer-Verlag, Berlin (1961).
[23] VAHLEN, K. TH., Wurzelabzählung bei Stabilitätsfragen, ZAMM, Bd. 14, Heft 2 (1934), S. 65–70.

Forschungsberichte des Landes Nordrhein-Westfalen

Herausgegeben im Auftrage des Ministerpräsidenten Heinz Kühn
von Staatssekretär Professor Dr. h. c. Dr. E. h. Leo Brandt

Sachgruppenverzeichnis

Acetylen · Schweißtechnik
Acetylene · Welding gracitice
Acétylène · Technique du soudage
Acetileno · Técnica de la soldadura
Ацетилен и техника сварки

Arbeitswissenschaft
Labor science
Science du travail
Trabajo científico
Вопросы трудового процесса

Bau · Steine · Erden
Constructure · Construction material ·
Soil research
Construction · Matériaux de construction ·
Recherche souterraine
La construcción · Materiales de construcción ·
Reconocimiento del suelo
Строительство и строительные материалы

Bergbau
Mining
Exploitation des mines
Minería
Горное дело

Biologie
Biology
Biologie
Biologia
Биология

Chemie
Chemistry
Chimie
Quimica
Химия

Druck · Farbe · Papier · Photographie
Printing · Color · Paper · Photography
Imprimerie · Couleur · Papier · Photographie
Artes gráficas · Color · Papel · Fotografía
Типография · Краски · Бумага · Фотография

Eisenverarbeitende Industrie
Metal working industry
Industrie du fer
Industria del hierro
Металлообрабатывающая промышленность

Elektrotechnik · Optik
Electrotechnology · Optics
Electrotechnique · Optique
Electrotécnica · Optica
Электротехника и оптика

Energiewirtschaft
Power economy
Energie
Energía
Энергетическое хозяйство

Fahrzeugbau · Gasmotoren
Vehicle construction · Engines
Construction de véhicules · Moteurs
Construcción de vehículos · Motores
Производство транспортных · Средств

Fertigung
Fabrication
Fabrication
Fabricación
Производство

Funktechnik · Astronomie
Radio engineering · Astronomy
Radiotechnique · Astronomie
Radiotécnica · Astronomía
Радиотехника и астрономия

Gaswirtschaft
Gas economy
Gaz
Gas
Газовое хозяйство

Holzbearbeitung
Wood working
Travail du bois
Trabajo de la madera
Деревообработка

Hüttenwesen · Werkstoffkunde
Metallurgy · Materials research
Métallurgie · Materiaux
Metalurgia · Materiales
Металлургия и материаловедение

Kunststoffe
Plastics
Plastiques
Plásticos
Пластмассы

Luftfahrt · Flugwissenschaft
Aeronautics · Aviation
Aéronautique · Aviation
Aeronáutica · Aviación
Авиация

Luftreinhaltung
Air-cleaning
Purification de l'air
Purificación del aire
Очищение воздуха

Maschinenbau
Machinery
Construction mécanique
Construcción de máquinas
Машиностроительство

Mathematik
Mathematics
Mathématiques
Matemáticas
Математика

Medizin · Pharmakologie
Medicine · Pharmacology
Médecine · Pharmacologie
Medicina · Farmacología
Медицина и фармакология

NE-Metalle
Non-ferrous metal
Metal non ferreux
Metal no ferroso
Цветные металлы

Physik
Physics
Physique
Física
Физика

Rationalisierung
Rationalizing
Rationalisation
Racionalización
Рационализация

Schall · Ultraschall
Sound · Ultrasonics
Son · Ultra-son
Sonido · Ultrasónico
Звук и ультразвук

Schiffahrt
Navigation
Navigation
Navegación
Судоходство

Textilforschung
Textile research
Textiles
Textil
Вопросы текстильной промышленности

Turbinen
Turbines
Turbines
Turbinas
Турбины

Verkehr
Traffic
Trafic
Tráfico
Транспорт

Wirtschaftswissenschaften
Political economy
Economie politique
Ciencias económicas
Экономические науки

Einzelverzeichnis der Sachgruppen bitte anfordern

Westdeutscher Verlag · Köln und Opladen
567 Opladen/Rhld., Ophovener Straße 1–3, Postfach 1620

MIX
Papier aus verantwortungsvollen Quellen
Paper from responsible sources
FSC® C105338

If you have any concerns about our products,
you can contact us on
ProductSafety@springernature.com

In case Publisher is established outside the EU,
the EU authorized representative is:
**Springer Nature Customer Service Center GmbH
Europaplatz 3, 69115 Heidelberg, Germany**

Printed by Libri Plureos GmbH
in Hamburg, Germany